机械工程专业 "VR+教学" 模式研究

王全景　陈清奎　著

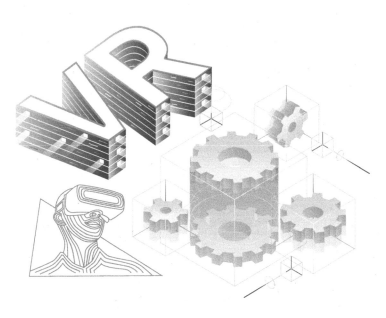

U0351742

化学工业出版社

·北京·

内容简介

《机械工程专业"VR＋教学"模式研究》共 8 章，主要内容包括：VR 技术及发展概述（第 1 章），"VR＋教学"模式的教育理论基础（第 2 章），VR 教学云平台建设（第 3 章），"VR＋教学"模式构建与实践（第 4 章），VR 教学资源开发标准和规范（第 5 章）、无编程 VR 教学资源快速开发平台（第 6 章），3D 版教材开发（第 7 章），"VR＋教学"模式应用与实践（第 8 章）。

本书适用于机械类专业本科、专科、高职等高校教师提高教学水平，也可供教育信息化工作者以及教育技术、信息化相关专业的本科生、研究生参考。

图书在版编目（CIP）数据

机械工程专业"VR＋教学"模式研究/王全景，陈清奎著. —北京：化学工业出版社，2023.11

ISBN 978-7-122-44522-3

Ⅰ.①机⋯　Ⅱ.①王⋯ ②陈⋯　Ⅲ.①机械工程-教学模式-研究-高等学校　Ⅳ.①TH

中国国家版本馆 CIP 数据核字（2023）第 219825 号

责任编辑：李玉晖　　　　　　　　　　　　文字编辑：孙月蓉
责任校对：边　涛　　　　　　　　　　　　装帧设计：张　辉

出版发行：化学工业出版社（北京市东城区青年湖南街 13 号　邮政编码 100011）
印　　装：涿州市般润文化传播有限公司
787mm×1092mm　1/16　印张 11¾　字数 286 千字　　2023 年 11 月北京第 1 版第 1 次印刷

购书咨询：010-64518888　　　　　　　　　售后服务：010-64518899
网　　址：http://www.cip.com.cn
凡购买本书，如有缺损质量问题，本社销售中心负责调换。

定　　价：78.00 元　　　　　　　　　　　　　　　　版权所有　违者必究

前 言

本书将虚拟现实技术（virtual reality，VR）与机械工程专业课程教学深度融合，结合教育基础理论，建设 VR 教学资源和 VR 教学云平台，创新开发了 3D（三维）版教材、无编程 VR 教学资源快速开发平台，制定了 VR 教学资源开发标准和规范，构建了"全时空""VR＋"教学模式；支持教师使用 VR 教学资源，实现线上线下、课内课外讲授及辅导；支持学生在线学习，让学生使用电脑、手机不限时间、不限地点地自主学习，从而对传统的高校教学模式实现突破性的优化和升级。

本书在章节安排上既考虑了专业知识本身的内在联系，又遵循了专业技术知识与机械工程专业教育教学过程前后贯通的原则；集基础性、先进性、科学性、应用性、适应性、系统性、学以致用等特点于一身。本书介绍了 VR 技术及发展概述、"VR＋教学"模式的教育理论基础、VR 教学云平台建设、"VR＋教学"模式构建与实践、VR 教学资源开发标准和规范、无编程 VR 教学资源快速开发平台、3D 版教材开发、"VR＋教学"模式应用与实践等方面的必备知识。全书内容简明扼要，重点突出。

本书由山东建筑大学王全景、陈清奎完成。非常感谢课题组团队成员何芹、王忠雷、李学东、刘建华、刘畅、徐楠、路来骁、陈庆强、段冉、赵文波、张莹、李青晓等教师提供的帮助。对"基于'VR 云平台'的装备制造类专业全时空教学模式应用实践共同体"项目成员单位提供的帮助表示感谢。另外，也对为本书提供技术支持的产学研合作单位济南科明数码技术股份有限公司和公司技术开发人员胡冠标、金洁、张亚松、胡洪媛、宋玉等表示衷心感谢。

由于著者水平有限，书中难免存在疏漏，敬请广大读者批评指正。

著者
于济南

目 录

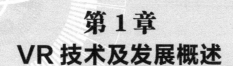

第1章
VR技术及发展概述

1.1 VR技术简介

虚拟现实（virtual reality）技术，简称VR技术，又称虚拟环境、灵境技术或人工环境，是利用计算机模拟产生一个三维空间的虚拟世界，为使用者提供关于视觉、听觉、触觉等感官的模拟，让使用者如同身历其境一般，可以即时、没有限制地观察三维空间内的事物。使用者可以和这个空间的事物进行互动，可以随自己的意志移动，并具有融入感与参与感，如图1.1所示。

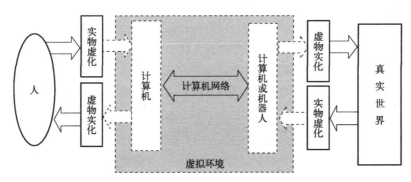

图1.1 虚拟现实技术路线图

虚拟现实技术在漫长的技术成长曲线中，历经概念萌芽期、技术萌芽期、技术积累期、产品迭代期和技术爆发期五个阶段后有所发展。

（1）第一阶段（1963年以前），有声形动态的模拟是蕴涵虚拟现实思想的阶段

1929年，Edward Link设计出了用于训练飞行员的模拟器；1935年，斯坦利·G.温鲍姆在他的科幻小说《皮格马利翁的眼镜》中提到了一副眼镜（如图1.2），它可以让用户借助全息图像、嗅觉、触觉和味觉来体验虚拟环境。这副皮格马利翁的眼镜被认为是世界上最早的VR头戴显示器概念雏形。

1956年，摄影师Morton Heilig发明了Sensorama（如图1.3），一款集成体感装置的3D（三维）互动终端，它集成了3D显示器、立体声音箱、气味发生器以及振动座椅，用户

图 1.2　皮格马利翁的眼镜

图 1.3　沉浸式虚拟现实设备 Sensorama

坐在上面能够体验 6 部炫酷的短片，非常新潮。当然，它看上去硕大无比，像是一台医疗设备，无法成为主流的娱乐设施。

（2）第二阶段（1963—1972），虚拟现实萌芽阶段

1965 年，计算机图形学的奠基者 Ivan Sutherland 发表了《终极显示》（The Ultimate Display）论文，提出了感觉真实、交互真实的人机协作新理论。

1968 年，Ivan Sutherland 和他的学生 Bob Sproull 开发了一种头戴显示器，并将其命名为"Sword of Damocles"（达摩克利斯之剑）（图 1.4）。其设计非常复杂，组件也非常沉重，需要一个机械臂吊住头戴来使用。这是第一次将机械装置连接到计算机而不是相机。虽然设备仍然存在很多限制，但却是 VR 发展的一个重要标志。

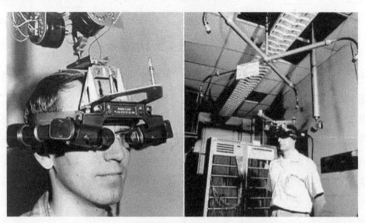

图 1.4　头戴显示器达摩克利斯之剑

1972 年，Nolan Bushell 开发出了第一个交互式电子游戏 Pong。

（3）第三阶段（1973—1989），VR 的概念产生和理论初步形成

1977 年，Dan Sandin 等研制出数据手套 Sayre Glove；1984 年，NASA 艾姆斯（Ames）研究中心研发出用于火星探测的虚拟环境视觉显示器；1987 年，Jim Humphries 设计出了双目全方位监视器（BOOM）的最早原型[1]；1989 年，VPL 公司的 Jaron Lanier 首次提出"虚拟现实"的概念[2]，目前在学术界被广泛使用。

（4）第四阶段（1990—2015），VR 理论进一步的完善和应用阶段

1990 年，在美国达拉斯召开的 SIGGRAPH（计算机与图形交互技术特别兴趣小组）会议上，对 VR 技术进行了讨论，提出 VR 技术研究的主要内容是实时三维图形生成技术、多传感器交互技术和高分辨率显示技术，为 VR 技术的发展确定了研究方向。VPL 公司开发出第一套传感手套 Data Gloves，第一套 HMD（虚拟现实头盔）Eye Phoncs；21 世纪以来，VR 技术高速发展，软件开发系统不断完善，有代表性的有 MultiGen Vega、Open Scene Graph、Virtools、Unity 3D、Unreal Engine 等。

（5）VR 技术爆发期（2016 年至今）

2016 年成为虚拟现实产业爆发的元年。不仅在游戏和电影领域，虚拟现实（VR）技术在教育、消费、旅游、医疗、体育等各个领域的运用都越来越广泛，与普通人的关系也越来越紧密。

虚拟现实技术作为一种综合多种科学技术的计算机领域新技术，已经涉及众多研究和应用领域，被认为是 21 世纪重要的发展学科以及影响人们生活的重要技术之一。5G 时代的到来，将成就虚拟现实技术。未来人们的生活将会更多地在虚拟与现实之间切换。

1.2　VR 技术特征

在 VR 技术的原创性思想里，虚拟现实是让主体得到一种实际上的感觉性的存在。"虚拟现实"中的"虚拟"就是借信息转换的技术手段而实现的一种人与计算机共存的状态。因为虚拟现实既不是有形的物理现实，也不是根本不存在的虚无，它是一种特殊的存在，是一种人造的电子环境，即不能简单地把它归为意识。虚拟现实作为计算机与网络技术的融合，本质上就是一种新的传播方式和交流工具。

Grigore Burdea 和 Philippe Coiffet 在著作 *Virtual Reality Technology* 一书中指出，虚拟现实具有三个最突出的特征：沉浸性（Immersion）、交互性（Interactivity）和构想性（Imagination），也是人们熟知的 VR 的 3I 特性，如图 1.5 所示。

其中，"沉浸性"指虚拟现实可提供逼真、身临其境的感觉，强调使用者从观察者到参与者身份的转变，虚拟现实技术为用户提供视觉、听觉、嗅觉、触觉等感官感觉，用户借助特殊的硬件设备，与虚拟世界进行交互；

图 1.5　VR 的 3I 特性

"交互性"指用户感知与操作环境，通过传感器而非传统的键盘和鼠标与虚拟环境中的事物以最自然的方式进行交互，如在真实环境一样，例如，用户可以真实感受到物体的重力、感受到身体的加速等；"构想性"是指虚拟现实技术使理性与感性相结合，用户可以通过联想、

逻辑推断等思维过程,创建人为想象出来的场景或事物,从而促使人们不断深化概念,设想未来[3]。

虚拟现实技术的三个特征关系如图1.6所示。

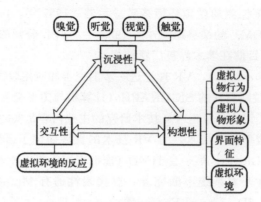

图1.6 虚拟现实技术特征关系图

虚拟现实最核心的特性无疑是沉浸感,能让使用者产生自己似乎完全置身于虚拟环境之中,可以感知和操控虚拟世界中的各种对象,而且能够参与其中各种事件的逼真感觉。

1.3 VR关键技术

虚拟现实的关键技术主要包括以下内容。

(1)动态环境建模技术

虚拟环境的建立是VR系统的核心内容,目的就是获取实际环境的三维数据,并根据应用的需要建立相应的虚拟环境模型。

(2)实时三维图形生成技术

三维图形的生成技术已经较为成熟,关键就是"实时"生成。为保证实时,至少保证图形的刷新频率不低于15帧/秒,最好高于30帧/秒。

(3)立体显示和传感器技术

虚拟现实的交互能力依赖于立体显示和传感器技术的发展,现有的设备不能满足需要,力学和触觉传感装置的研究有待进一步深入,虚拟现实设备的跟踪精度和跟踪范围也有待提高。

(4)应用系统开发工具

虚拟现实应用的关键是寻找合适的场合和对象,选择适当的应用对象可以大幅度提高生产效率,减轻劳动强度,提高产品质量。想要达到这一目的,则需要研究虚拟现实的开发工具。

(5)系统集成技术

由于VR系统中包括大量的感知信息和模型,因此系统集成技术起着至关重要的作用,集成技术包括信息的同步技术、模型的标定技术、数据转换技术、数据管理模型、识别与合成技术等。

1.4 VR技术在教育教学中的应用

当代科学技术的进步,特别是以计算机技术、网络通信技术、多媒体应用技术、人工智能与虚拟现实等新技术为代表的现代信息技术的迅猛发展，使传统的教育形态发生了显著的变化。21世纪的教育应适应信息化社会面临着一系列的挑战。因此，教育的出路在改革，而教育改革的重要途径之一是教育信息化[4]。

2016年至今，VR技术逐步成为了教育信息化改革的重要方向。作为全球最重视教育的国家之一，中国政府对教育信息化的发展给予了大力的支持，VR教育被列入我国教育信息化"十三五"规划，被认为是未来教学领域的标配产品。

VR作为教育教学的一种新的技术手段和模式，有它的独特的价值。从最早的黑板到多媒体教室，再到现在的VR教育，每个阶段使用的每一种技术手段都有它能解决的问题，达成过去无法实现的目标。

VR作为新一代的技术平台，是新的产业与科技发展的方向。因此发展VR教育得到了党和政府的倡导与大力支持，国务院和教育部在多次关于教育的指导性文件中，提及促进VR教育的发展和相关的政策支持，要充分利用虚拟现实、人工智能等新技术，推动教学方式变革。

1.4.1　VR技术在国内外教育领域的研究现状

随着VR技术的不断发展和成熟，"VR+"（将VR技术与相关专业教育教学等深度融合）成为发展趋势。教育领域是虚拟现实非常重要的应用领域，VR正在革新知识获取的渠道和交互方式，对整个教育领域的变革具有划时代的推动作用。

随着我国教育工作任务、目标的明确，教育现代化水平不断提升，VR技术与教育教学的融合不断深入，要求学校不断更新教育教学方式，打造能满足新形势下教学需要的课堂。VR技术因其特有的技术优势，使得其与教育的融合有助于积极有效地推进教学的改革，提高教育发展水平。VR技术不仅为教学增添了新的工具，而且革新了旧的教学方式，使教育能够更好地服务学生的个性化需求，帮助每个学生更好地成长与进步。VR技术在教育领域的深入应用，在促进教育公平、提高教学效果和教育信息化等方面发挥越来越重要的作用。

（1）虚拟现实技术在国外教育领域的研究现状

VR在教育领域的应用最早起源于欧美，已经有近三十年的发展历程，其中在VR教学方面走在前列的当数美国MIT（麻省理工学院）的电子工程系，在VR技术出现不久以后便将其搬上课堂。

1985年，美国国立医学图书馆（NLM）就开始了人体解剖图像数字化研究，并利用虚拟人体开展虚拟解剖学、虚拟放射学及虚拟内窥镜学等学科的计算机辅助教学。

1992年，虚拟现实技术与教育实验室在美国东卡罗来纳大学（ECU）正式成立。该实验室主要是用来确认虚拟现实技术在教育上是否适用，并且对这一技术中的软件和硬件进行评价，从而可以更好地观察虚拟现实技术应用于教育教学活动的效果，将这一技术的教学效果和其他教育媒体的教学效果进行比较，从而对这一技术进行全面研究。

1994年，美国华盛顿大学（UW）和西屋教育基金会组织了一个流动教学计划，应用一辆装有虚拟设备的流动教学车在各个学校中开展教育，为中小学生提供虚拟现实技术的教学服务。这一活动的发起者的主要目的是为中小学生提供更加直观的教学，提高学生的兴趣和领悟能力。

美国航空航天局（NASA）以及美国休斯敦大学（UH）空间物理研究所等通过技术分享与团队合作，设立了虚拟物理实验室；北卡罗来纳大学的主要学者借助JAVA技术构建了基于web（万维网）的探索式虚拟物理实验室，在该实验室当中，主要包含如下三个主要研究方向：第一，实验课程研究；第二，虚拟实验仪器和实验设施研究；第三，协作学习研究等[5]。

在虚拟现实技术的研究中，英国在欧洲处于领先地位。英国在纽卡斯尔中学（the Newcastle Upon Tyne High School）里建立了一个VR教育工程，在这一教育工程内部，初步使用了VR软件包，同时也在不断探索如何运用VR进行英语和工业安全等培训。英国诺丁汉大学（UoN）的VIRART（virtual reality application research team，虚拟现实应用研究团队）在教育和学术方面对虚拟现实技术进行了研究，探索了桌面虚拟现实技术的输入、输出设备，并与许多学校合作，共同开发了针对学习上有困难和身体严重残疾的孩子的基于桌面的虚拟现实技术系统。

德国的汉诺威大学建立了虚拟自动化实验室；意大利帕多瓦大学建立了远程虚拟教育实验室；新加坡国立大学（NUS）开发了应用于工程教育的远程控制虚拟实验室，包括远程示波器实验和压力容器实验等。

（2）VR技术在国内教育领域的发展现状

2013年8月，教育部下发《关于开展国家级虚拟仿真实验教学中心建设工作的通知》。要求依托虚拟现实、多媒体、人机交互、数据库和网络通信等技术，构建高度仿真的虚拟实验环境和实验对象，实现真实实验不具备或难以完成的教学功能，学生在虚拟环境中开展实验，达到所要求的认知与实践教学效果。

2017年1月，国务院发布的《国家教育事业发展"十三五"规划》中明确提出，要支持各级各类学校建设智慧校园，综合利用互联网、大数据、人工智能和虚拟现实技术探索未来教育教学新模式。

2017年2月，教育部下发的《2017年教育信息化工作要点》也有关于促进VR教育的发展相关内容，文件中提到启动基于VR的实验实训平台建设，完成互联网＋智慧教育示范基地建设。这成为各级教育部门开展VR教育的政策依据和方向指导。

2017年7月，教育部在《关于2017—2020年开展示范性虚拟仿真实验教学项目建设的通知》中明确提出："综合应用虚拟现实、增强现实等网络化、数字化、智能化技术手段，提高实验教学项目的吸引力和教学有效度"。

2018年2月，教育部等五部门印发了《教师教育振兴行动计划（2018—2022年）》。该行动计划中提出充分利用云计算、大数据、虚拟现实、人工智能等新技术，推进教师教育信息化教学服务平台建设和应用，推动以自主、合作、探究为主要特征的教学方式变革。

2018年2月，教育部办公厅根据《教育信息化"十三五"规划》的总体部署，印发了《2018年教育信息化和网络安全工作要点》文件。在该文件的重点任务中，教育部明确将虚拟现实技术列入教育信息化的年度重点工作任务，推动信息化2.0，明确要求全国高校、中小学、职教等深入推进信息技术与高等教育教学深度融合，推动大数据、虚拟现实、人工智能等新技术在教育教学中的深入应用，并将责任明确到教育部各职能部门。

2018年4月，《教育信息化2.0行动计划》的发布，以及2019年2月《中国教育现代化2035》的推出，明确了教育信息化是教育系统性变革的内生变量，是教育现代化的核心驱动力，提出了信息技术与教育实践深度融合创新发展的新理念，并为教育教学方式变革指明了方向。

2018年5月，教育部发布的《关于开展国家虚拟仿真实验教学项目建设工作的通知》

指出"为学习贯彻党的十九大精神，适应信息化条件下知识获取方式和传授方式、教和学关系等发生革命性变化的要求，写好教育'奋进之笔'，深化信息技术与教育教学深度融合，经研究，决定开展国家虚拟仿真实验教学项目建设工作。"这加速推动了虚拟现实等新技术在教育教学和实验教学等方面的应用。我国政府对教育信息化建设的重视，极大地促进了VR技术在教育行业的落地。

2018年9月，教育部发布《关于加快建设高水平本科教育全面提高人才培养能力的意见》，意见中提出推进现代信息技术与教育教学深度融合，需要重塑教育教学形态，加快形成多元协同、内容丰富、应用广泛、服务及时的高等教育云服务体系，打造适应学生自主学习、自主管理、自主服务需求的智慧课堂、智慧实验室、智慧校园。大力推动互联网、大数据、人工智能、虚拟现实等现代技术在教学和管理中的应用，探索实施网络化、数字化、智能化、个性化的教育，推动形成"互联网＋高等教育"新形态，以现代信息技术推动高等教育质量提升的"变轨超车"。

2019年3月，教育部办公厅印发了《2019年教育信息化和网络安全工作要点》，提出要培养提升教师和学生的信息素养，推动大数据、虚拟现实、人工智能等新技术在教育教学中的深入应用。

2019年10月，教育部发布《关于一流本科课程建设的实施意见》。意见中指出，要让课堂活起来，强化现代信息技术与教育教学深度融合，解决好教与学模式创新的问题，杜绝信息技术应用的简单化、形式化；强化师生互动、生生互动，解决好创新性、批判性思维培养的问题，杜绝教师满堂灌、学生被动听的现象。

2020年12月，国家发改委等十六部委印发《关于推动公共实训基地共建共享的指导意见》。指导意见中提出，鼓励在公共实训基地开展新产业、新技术、新业态培训，推动虚拟现实（VR）、增强现实（AR）、人工智能（AI）和电子商务的应用。推动云计算、大数据、移动智能终端等信息网络技术在公共职业技能培训中的广泛应用，提高培训便利度和可及性。

2021年5月，国家出版总署发布《关于开展出版业科技与标准创新示范项目试点工作的通知》。通知中提出，重点聚焦大数据、人工智能、区块链、云计算、物联网、虚拟现实和增强现实等新技术在出版领域的创新研究。利用虚拟现实和增强现实技术三维图形生成、动态环境建模、实时动作捕捉、快速渲染处理等技术优势，实现多源信息融合、感知交互、动态场景与实体行为仿真，探索与出版产品结合，提升读者阅读体验，促进出版成果形态升级。

2021年9月，教育部科技发展中心发布《职业教育示范性虚拟仿真实训基地建设指南》（以下简称《指南》）发布。《指南》提出要不断提升虚拟现实和人工智能等新一代信息技术在实训教学中的应用水平，将信息技术和实训设施深度融合，构建具有感知性、沉浸性、交互性、构想性、智能性的虚拟仿真实训教学场所，搭建以实带虚、以虚助实、虚实结合的虚拟仿真实训系统，配置相应的虚拟仿真实训设备，有效解决实训教学过程中的"三高三难"痛点和难点。

2021年12月，《"十四五"国家信息化规划》中提出要"推进信息技术、智能技术与教育教学融合的教育教学变革"，这势必需要利用技术赋能，全面推进教学模式创新和评价方式改革。

2022年7月，科技部等六部门印发了《关于加快场景创新以人工智能高水平应用促进经济高质量发展的指导意见》的通知。通知中提出在教育领域积极探索在线课堂、虚拟课堂、虚拟仿真实训、虚拟教研室、新型教材、教学资源建设、智慧校园等场景。

2022 年 10 月，工信部等印发的《虚拟现实与行业应用融合发展行动计划（2022—2026 年）》中提出"加速多行业多场景应用落地"的重点任务，其中包括"面向规模化与特色化的融合应用发展目标，深化虚拟现实在行业领域的有机融合，推动有条件的行业开展规模化应用试点"，对于虚拟现实＋教育培训，要"在中小学校、高等教育、职业学校建设一批虚拟现实课堂、教研室、实验室与虚拟仿真实训基地，面向实验性与联想性教学内容，开发一批基于教学大纲的虚拟现实数字课程，强化学员与各类虚拟物品、复杂现象与抽象概念的互动实操，推动教学模式向自主体验升级，打造支持自主探究、协作学习的沉浸式新课堂。服务国家重大战略，推进'虚拟仿真实验教学 2.0'，支持建设一批虚拟仿真实验实训重点项目，加快培养紧缺人才。"

在国家政策的支持下，国内高校对于 VR 技术应用进行了广泛的研究。北京航空航天大学是起步最早的研究机构之一，北航的相关学者通过大量研究，构建了分布式虚拟环境，能够满足虚拟现实环境演示、飞行员训练模拟，以及三维动态数据库的构建等。清华大学国家光盘工程研究中心借助 Quick Time 技术进行研究，并完整地展示了 VR 布达拉宫[6]。哈尔滨工业大学的相关学者在 VR 相关项目的研究当中，有效提出了表情与唇动合成的技术[7]，促进了 VR 技术的极大发展。西南交通大学研究的重点主要集中于虚拟漫游领域，并将虚拟建模、驾驶员虚拟培训等技术应用在城市规划当中。与此同时，国内众多高校，包括浙江大学、西安交通大学、上海交通大学、西北工业大学等高校都对于 VR 技术进行了相关的科技研究。

VR 技术与教育教学深度融合，使其在在线课堂、虚拟课堂、虚拟仿真实验、虚拟仿真实训、虚拟教研室、新型教材、数字教学资源建设、智慧校园等场景中得到了广泛的应用，有效推动了教学改革，提升了教育信息化水平。

1.4.2 VR 技术在机械工程专业教学中的应用

机械工程专业的任务是面向国家战略和科技发展需求，培养德、智、体、美、劳全面发展，具有科学素养、工程素养和人文素养以及机械工程领域专业知识，具备国际视野、创新意识、工程实践能力、研究应用能力和组织协调能力，能够从事机械相关领域的高级工程技术人才，做德才兼备的社会主义事业合格建设者和可靠接班人。为满足社会需求，响应"中国制造"到"中国智造"的强国战略，高校承担起了人才培养的历史使命，将最新技术应用到教学中，积极进行信息化教学改革。

机械工程专业相关的课程内容理论性较强，又与生产实践紧密相连，是理论性和实践性要求都比较高的一个专业。很多专业课程属于教师难教、学生难学的课程，课程的基本概念、基本原理多，应用性强，所涉及的内容复杂。学生难以通过常规课堂授课的方式来深刻理解各个知识点，通常需要通过实验课或者工程实践的方法来辅助学习，从而达到课程学习的目的。传统的教学理念、教学模式、教学资源等不能适应学生的多元化学习和自主发展需求，难以满足机械类专业人才培养需求。目前，我国机械工程专业的信息化教学改革正处于探索阶段，机械工程专业在教学目标、教学理念、教学模式与方法、教学资源等方面都将出现基于信息技术的重大改变，以信息技术与教育教学深度融合为特征的教育信息化已成为全球范围内高等教育必然的发展趋势。

　　2019年，《中国教育现代化2035》提出了推进教育现代化的八大基本理念，其中第七条就是"更加注重融合发展"。将VR技术应用于机械工程专业的教学，终极目的是创造有助于学生全方位掌握知识的学习环境体验，以促进学生身心健康发展。因此，借助政策红利与自身优势集沉浸性、交互性、想象性于一体的VR＋教育将对机械工程专业传统的学习环境、教学方式等方面产生深刻影响。

　　虚拟现实技术在教育中的应用呈现出多种优势。史寿乐[8]认为：虚拟现实技术可以打破传统的教学模式，除了提升了学生的主动学习、主动探究能力之外，还可以让危险事情更安全，让高成本变得更低廉，让不可逆的事情变得可重复操作，让漫长的事情变得更短暂，VR沉浸性和交互性的特点让枯燥的事情更有趣。荣梓任[9]概括了虚拟现实技术在教育领域中的作用：①激活创造性思维，提高其学习兴趣，最后强化了自主学习能力。②建立开放性平台。③打破时空限制。④丰富教学手段。⑤完善实验的不足。刘德建[10]等认为：沉浸感、交互性、想象性三大特征极大地克服了传统教学环境的限制，有利于激发学习者的学习动机，增强学习体验，实现情境学习和知识迁移。丁楠等[11]认为：虚拟现实教育应用的优势包括对学生知识和技能习得的促进；为学生提供丰富的个性化学习环境；促进学生的学习动机；实现更有效的远程教育和在线合作学习。席二辉[12]从学校信息化建设、虚拟场景交互性学习、现实情景仿真、教学方式改变四个方面，讨论VR在教育中的应用优势。

　　通过VR技术和机械工程专业的深度融合，利用VR技术的"3I"特性，将机械工程专业课程中抽象、难以讲解的知识点制作成沉浸体验式颗粒化VR教学资源、开发3D版教材、建设VR教学云平台。将知识以形象、立体呈现出来，以逼真的虚拟现实效果进行三维可视化展现，使教与学不再受限于教材、场地、设备的数量、技术的先进性、时间限制、高额的经费投入等条件，给学生带来通过视觉、听觉等多种感官身临其境的沉浸式学习体验，并将VR教学资源应用于课程教学、实验教学、实训教学和学生自主学习的教学全过程，有效地激发学生的学习动机，提高学生的学习兴趣，培养学生的创造性思维。

第 2 章
"VR+ 教学" 模式的教育理论基础

教育是一个民族最根本的事业。党的二十大报告指出，"全面贯彻党的教育方针，落实立德树人根本任务，培养德智体美劳全面发展的社会主义建设者和接班人。"为了培养好社会主义建设者和接班人，必须用先进的技术手段，基于党和国家的事业发展全局来研究教育问题，从根本上解决目前课堂教学中存在的问题，提高课堂教学质量。

随着我国教育工作任务、目标的明确，教育现代化水平不断提升。教育现代化的发展要求教育信息化的普及，教育信息化则必然带来教学内容、教学模式和教学方法的重大变革，而教学模式、方法改革的重点就是加强对网络信息化教学模式、方法的创新，并不断提高学生的自主学习能力。

因此，如何利用 VR 技术优势设计符合机械工程专业教学需要的课程，用什么方式提高"VR+教学"的效果，是"VR+教学"需要解决的关键问题。

VR 技术的沉浸性、构想性和交互性与教育中一直强调的因材施教、终身学习、教育公平的教育思想不谋而合，学习动机理论、学习金字塔理论、沉浸教育理论、建构主义等学习理论为虚拟现实应用于机械工程专业教学提供了丰富的理论支持。通过 VR 赋能教育，让VR 技术与机械工程专业教学相融合，可以突破原来传统的教学模式，实现情境式教学，让学生沉浸在高度仿真、可交互虚拟互动学习场景中学习知识，形成机械工程专业新型"VR+教学"模式，适应新的教学形势的需要，推进机械工程专业的教学改革。

"VR+教学"模式是一种适应信息社会发展的，将 VR 技术与机械工程专业教育教学深度融合的全新教学模式，"VR+教学"模式蕴含了因材施教、终身学习和教育公平等教育思想，与此同时，"VR+教学"模式将学习动机理论、沉浸教育理论、学习金字塔理论和建构主义学习理论等贯穿于整个教学过程，在剖析机械工程专业教学难点的基础上，结合当代学生身心发展规律和特点，关照学生的内部学习动机，强调学生学习自我建构意义的重要性。

2.1 "VR+ 教学" 蕴含的教育思想

2.1.1 因材施教思想

因材施教的教育思想源自我国古代伟大的教育家、思想家孔子。在我国古代，教育的发展较为缓慢，并不存在现代意义上的学校，且古代教育以私学为主，学生在年龄、社会成分、国别地域、文化程度等方面存在着很大的差异，除此之外，孔子认为个体拥有不同的资质、出身、性格和能力等，这样的主客观条件使得孔子在其教育实践的基础上创造性地、率先提出了因材施教的教育方法。自此，因材施教成为贯穿我国古代教育的一条重要教学原则，成为教育学中的一个重要命题。当前，我国学者对孔子因材施教思想中的"材"主要有两种理解，一种理解认为"材"指的是学生个体，教师需要根据学生个体的差异进行针对性的引导教学；另一种理解认为"材"指的是"教材""知识"等需要被学生掌握的学习材料。无论是哪种理解，其本质都是为了让学生更好地掌握知识、习得知识。随着学者们对孔子教育思想的深入研究，人们更倾向于从两个视角出发，以更为全面地把握因材施教的精神内涵。

①"材"即学生个体，因材施教就是根据学生个体的差异展开不同的教学活动，运用不同的教学方法。孔子认为，因材施教的前提是教师本人要承认学生个体之间的个别差异，全面、准确地了解学生的特点，每个学生的智力水平、个性特征、年龄特征、兴趣爱好、认知水平等都存在差异，因材施教就是要针对学生的不同特点进行不同的教育。因此，教学方法、教学内容等均应该有所不同，各有侧重，切忌千篇一律，教师在实施教学时也应根据班级水平及特点进行施教，不断启发诱导学生，通过提问来激发学生的学习主动性，并引导学生深入思考一步步地引出问题的结论。教师不仅要善于因材施教，还要正确引导学生认识自己的生理、心理特点，制订适合自己的科学学习方式，提高学习效率，帮助学生充分发挥自身优势，不断克服自身缺点，或者认识到自身缺点后能够扬长避短，取得进步。

②"材"即知识、教材等需要被学生掌握的学习材料。知识是一个很宽泛的概念，学者们对知识也进行了分类。心理学家们普遍将知识分为陈述性知识、程序性知识和策略性知识三大类。陈述性知识指的是可以用言语表达的知识，体现的是学生的知识储备情况，是学生具有的关于世界"是什么"和"为什么"方面的知识，学生能够通过语言表达出来，也能够通过回忆讲述知识，对于这类知识，需要学生通过记忆、理解的方式不断巩固学习，学生对陈述性知识的牢固掌握，有助于在头脑中形成一定的知识结构，可以说，陈述性知识是学生掌握更高一级知识的基础与前提；与陈述性知识不同，程序性知识则强调办事步骤和办事流程，是关于"怎么办"的知识，更加关注实际问题的解决，学生在学习程序性知识时，需要通过实践操作的方式加以掌握，学生只有在实践操作中才可以真正地习得知识，发现问题并学会解决问题，程序性知识对训练学生的创新能力和创新思维，学生分析、解决问题的能力发挥重要作用；策略性知识是用于监控与调节认知过程的知识[13]。

2.1.2 终身学习思想

伴随着科技和社会的迅猛发展，知识呈现爆炸性增长，现代化生产方式也发生了巨大变化，随之而来的是传统的学习方式发生了深刻变化，传统社会"一次性学习时代"宣告结束，人们需要不断地接受教育以适应社会的飞速发展[14]。学习内容愈来愈繁杂，知识更新周期大大缩短，各种新知识、新情况、新事物层出不穷，传统意义上的教育和学习理念已难以适应个体及社会发展的需求，亟须新兴教育理念的指导以及新型教育业态的支撑[15]。在这样的时代背景下，终身学习的重要性日益提升，终身学习成为知识经济时代的必然趋势，为学生尽可能地开发提供便利的学习条件和学习资源成为高校的责任，教育系统要为学生乃至全体社会公民的学习机会提供保障。

在人类社会漫长的发展过程中，学习始终发挥着传承文化和发展知识的重要功能，成为个体生存和社会发展的必需品。终身学习的核心思想在于：学习是个体一生主要的、持续不断的活动过程，学习对于个体和整个社会的重要性已被众人认识到，个体的学习潜能将被极大地激发出来，学习从一种单纯谋生的手段转变为个体的一种基本生活方式，持续不断地接受教育和自主学习日益成为人们工作和生活的常态，个体学习的主动性和责任意识越来越强，学习由以往的外在推动转变为个体的内在需求，终身学习日益成为促进经济进步与发展、个人发展与完善以及社会包容和民主进步的重要途径。

不同学者或机构提出了对终身学习的认识。美国学者道伦斯（Dolence）和诺里斯（Norris）引用了永久性学习（perpetual learning）的概念来阐释终身学习的这一发展动力："信息化社会的发展和技术的进步会消除时空上的限制，由此也会大大地改变学习的动力。终身学习是永久性学习，由无处不在的技术力量所控制，学习将使公立和私立场所的教育融合在一起。"[16] "终身学习可以被视为涵盖一切有目的的正式与非正式学习活动，其目的在于增进知识、技能与能力。"[17] 2001 年，欧盟在报告中提到："终身学习活动贯穿人的一生，从个人、公民、社会以及就业相关的视角，提升知识、技能和能力。"[18] 经济合作与发展组织认为终身学习是个体从出生到死亡的过程中一切有目的的学习活动，其目的在于提升学习者的知识与能力。终身学习的价值取向在于提供全方位、系统的学习观，强调以学习者为中心，激发学习动机以及各种教育目标、政策之间的平衡发展[19]。我们可以看出，终身持续性、方式多样性、学习自主性是全面理解终身学习概念的三个关键特征。终身学习贯穿人的一生，个体对知识的学习不只限于其接受学校教育阶段和时期，而是贯穿于个体从出生到死亡整个生命周期，快速的知识更新也要求个体必须通过持续一生的学习来不断适应社会、更新知识、增长能力；终身学习不像学校教育那样是一种正规教育体系，终身学习可以发生在各种情境中，包括正式学习和非正式学习等多种学习方式；终身学习强调个体学习的学习自主性和积极性，学习者要有强烈的自主学习的愿望和自主学习的能力，能够根据个人发展需求、实际能力和具体情况，自主决定学习进度，制定学习计划。可见，终身学习理念强调将精力放在了确立学习者主体、尊重学习者意愿、关注学习者需要、形成学习的态度、保持学习的延续、增强学习的信心、提高学习的能力、利用学习的资源、拓展学习的场所等方面[20]。

2.1.3 教育公平思想

"公平"是指处理事情合情合理，不偏袒哪一方面[21]。教育公平是社会公平的体现和反映，人人都享有平等地接受教育的权利，人人可以平等地享受公共教育资源。教育公平应该包括教育起点公平、教育过程公平和教育机会公平。从微观层面来说，大学内的教育公平，就是教师通过研究学生的身心特点、认知规律和情感变化等方面的共性特点与个性差异，开发特色鲜明的优质教育资源，帮助具有不同潜能、不同个性特点与兴趣爱好的学生接受适合于自身发展的教育，达到孔子乐学乐教的境界，并使学生都能充分发挥所长、克服所短、取得长足进步的教育实践历程[22]。这种思想同我们今天追求的教育过程公平一脉相承，是我们推进教育公平进程、践行教育本质内涵、彰显人性之光的关键所在。

对每个学生无差别地对待并不是真正的教育公平，依据学习成绩将学生分为三六九等区别对待学生也不是教育公平，真正的教育公平要求教育者深入研究学生，研究学生群体的认知规律和身心特点。因此，将 VR 技术与课堂教学相融合，使学生可以根据自己的学习情况决定学习进度，能够有效体现教育公平思想。

基于"VR+教学"的新型教学模式，无一不闪耀着因材施教、终身学习和教育公平的思想火花，这三种教育思想并非孤立存在，而是互相交叉，你中有我，我中有你。

2.2 "VR+ 教学"发展的教育理论基础

2.2.1 学习动机理论

动机是由人的生理和社会需要引起的一种心理状态，是激励人去行动以达到一定目的的内在原因。学习动机就是指直接推动学生进行学习的一种动力，是激励和指引学生进行学习的一种需要，学习动机对学习具有启动、导向、维持的作用，学习动机可以分为内部动机和外部动机。内部动机是指人们对学习的本身的兴趣所引起的动机，它不需要外界的诱因、惩罚来维持行为，因此内部动机更持久。外部动机则是指个体由外部诱因所引起的动机，外部动机一旦在目的达到之后，动机水平就会下降，尽管内部动机和外部动机不同，但是内部动机外部动机却是可以相互转化。通过采取合适的方式方法，不良的外部动机可以成功转化为内部动机，消除不好的动机[23]。学习动机是影响学生学习的重要的非智力因素，学习动机的理论研究包括行为主义的强化论、人本主义的需要层次理论、认知动机理论、成就动机理论等。

对于大学生而言，兴趣是促进其学习的内部动力。兴趣是个体力求知识或获得某种事物时所伴有的积极情绪体验的心理倾向。它对个体活动，尤其是认知活动具有巨大的推动作用。心理学家怀特（R. W. White，1959）也曾说过人们做许多事情是出于好奇心，被探索的欲望驱动，或者仅仅就是想尝试一些有趣的事情。拥有内在兴趣的学生重视学习本身的价值。他们表现出一种放松的、坚持不懈的、致力于完成任务的学习状态，是为了增进自己对某一问题的理解和提高自己的认知技能[24]。好奇和求知欲望可以派生出认知内驱力，认知内驱力是一种要求了解与获知的需要和发现问题并解决问题的需要。学生学习的认知内驱力并不是天生俱有的，而是后天习得或培养的，也有赖于特定的学习经验[25]。认知内驱力是一种掌握知识、技能、阐明解决学业问题的需要，是一种指向学习内容本身的动机，它与学习者的兴趣以及对知识的需求密切相关，是学习动机中最根本、最稳定的动机。学习兴趣是学习活动内驱力的重要成分，调动学生学习积极性最常遇到的问题就是如何培养和利用学习兴趣的问题。

学习兴趣是学习动机中最活跃、最积极的成分，也是学习活动最基本的内驱力因素。学会利用学习兴趣以驱动学生学习的积极性和主动性，可以在教学构成中取得理想的教学效果。因此，对大学生学习兴趣的研究一直以来都是各个层次教育领域研究的热点。学习兴趣有四个层次，分别是直觉的兴趣、操作的兴趣、理解的兴趣和创造的兴趣。那些能够引起学生的新鲜感，具有新异性特点的学习材料，能够率先激发学生的学习兴趣，我们将这种兴趣称为直觉的兴趣，直觉的兴趣容易产生和释放，但持久性相对较差；学生在对某一事物有了初步的认识和了解之后，渴望通过动脑或动手的方式亲身参与或亲身体验，由此激发的兴趣是操作的兴趣；学生在完成亲身体验之后，会产生一种想要知道事情为什么发生，开始去思考事物之间的因果关系时，理解的兴趣便产生了；更高一级的兴趣是创造的兴趣，学生在理解了某类事物发生的因果关系之后，进一步要求总结概括这一类事物的一般规律，并渴望应用规律从事创造性活动。教师在教育教学过程中要悉心观察学生的兴趣所在，注意培养和引导，恰当合理地利用不同兴趣水平特点施教，才能更加有效地调动学生学习的积极性[26]。

如何激发学生的学习动机？实践证明，创设问题情境是激起学习动机，唤醒认知内驱力的一种有效方法。为此，要求教师根据教材的特点，选择适当的内容设置成问题，把其作为教学过程的出发点，在教学内容与学生求知心理之间制造一种不协调或不匹配，以引起学生的认知兴趣，促使学生积极主动地思考，求得问题的解决，以满足其求知欲和成功感。

2.2.2 学习金字塔理论

学习金字塔理论是美国学者艾德加·戴尔提出的，通过对学生认知特征的研究发现，知识在学习者头脑中的保留率不同。该理论用金字塔模型，结合具体数字展示了不同学习方式的学习者在两周以后对学习内容的记忆情况[27]。

学习金字塔由 7 个层级的学习方式组成，自上而下依次是：听讲、阅读、听与看、示范、小组讨论、实作演练、转教他人/立即引用，如图 2.1 所示。"听讲"是教师单方面地通过语言讲解的方式向学习者传授知识，学习者对教育活动没有任何反馈，以被动身份参与教育活动，因此学习效果最差，效率最低，两周后学习者仅能掌握 5% 的授课内容。"阅读"就是学习者通过阅读、朗诵的方式开展学习活动，了解学习内容，两周后学习者能掌握 10% 的授课内容。"听与看"是学习者通过同时调动视觉和听觉器官的方式开展学习活动，两周后学习者能掌握 20% 的授课内容。"示范/展示"是教师根据授课内容，向学生演示实物，讲解知识的方式，两周后学习者能掌握 30% 的授课内容。"小组讨论"强调学习者在整个教育活动中能够针对学习过程中的疑惑或体验，与教师和同伴进行充分的讨论交流，发表意见，两周后学习者能掌握 50% 的授课内容。"实作演练"注重教育活动中的实际操作与动手能力的训练，学习者在做中学，两周后学习者能掌握 75% 的授课内容。最后一种学习方式是"转教别人/立即应用"，学习者能够将所掌握的内容内化于心，并能给他人讲解清楚，两周后学习者能掌握 90% 的授课内容。

教学方法在很大程度上影响着学生的学习效率，不同的教学方法、学习方法带来的学习效果不同。"VR+教学"模式使学习者打破传统教学的时间限制与空间障碍，学生由个人的被动式学习转向注重小组讨论和实际操作的主动学习，并能够将所学知识讲授给他人。

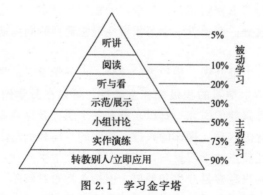

图 2.1 学习金字塔

2.2.3 沉浸教育理论

美国芝加哥大学 Mihaly Csikszentmihalyi 博士在 1975 年便提出了沉浸理论，当个体处于沉浸状态时，便不受外界任何干扰全身心投入到某一活动中去，过滤掉无关直觉，完全出于兴趣做某事[28]。随着学者们对沉浸理论的不断深入研究，以及教育领域对学习者主体身份的确认，沉浸理论被广泛应用于教育领域，发展成为沉浸教育理论。沉浸教育理论强调学习者的主体体验，教师的教学过程是为学习者的沉浸体验而设计优化的，以促使学习者达到最佳学习状态。

在教育教学过程中，沉浸体验的具体特征表现如下：

① 挑战与技能的平衡：教育活动具有一定的挑战性，学习者掌握相应的技能以能够更好地投身教育活动。如果教育活动的挑战太大，学习者对环境缺少控制能力，会产生焦虑或挫折感；反之，挑战太低，学习者会觉得无聊甚至失去兴趣，沉浸状态主要发生在挑战难度与技能水平平衡的情况下。

② 注意力的集中：注意是个体心理活动对一定对象的指向和集中，沉浸体验下学习者能够专注于教育活动，屏蔽外界干扰。

③ 清晰的目标：教师在开展教育活动之前，明确告诉学习者学习的重点和难点，教育活动结束后，应该掌握什么内容，达到怎样的学习效果，让学习者带着明确的任务投入教育活动。

④ 及时反馈：在教育活动中，教师对学习者的学习情况进行及时的反馈，让学习者明确学习行为效果，巩固正确学习行为；当学习者的学习活动出现问题时，教师更应该及时反馈提出意见，让学习者第一时间纠正错误学习行为。

⑤ 活动与意识的融合：学习者沉浸在教育活动中，感受不到活动之外的人与事。

⑥ 潜在的控制感：学习者能够有效应对教育活动中出现的后续行为，并做出适当的反应，对学习活动具有一定的掌控感，学习情况在自己的掌控范围之内，不会因为无法掌控学习情况而产生焦虑情绪。

⑦ 自我意识的丧失：学习者暂时与外界分开，忘记自己的身份、身体状况，将自我与教育情景融为一体。

⑧ 时间知觉扭曲：学习者无法正确感知时间的流逝，或者感觉时间过得比平常快，或者感觉时间过得比平常慢。

⑨ 发自内心地参与活动：学习者在兴趣、好奇等内在动机的驱动下参与教育活动，不关注教育活动背后的物质奖励。

随着 VR 技术的飞速发展和人机交互、虚拟环境的广泛应用，教师在教育教学过程中可以巧妙地运用多种教学手段，使学习者进入一种沉浸体验的学习状态，从而提高教学水平与成效。

2.2.4　建构主义学习理论

建构主义是一种新的学习理论，是在吸取了行为主义、认知主义理论，尤其是维果斯基的理论等多种学习理论的基础上形成和发展的。建构主义在知识观、学生观、教师观三个方面形成了独特理解与看法，如图 2.2 所示。

① 建构主义的知识观。建构主义强调主动参与、灵活性、情境性等知识价值要素在知识学习中的价值，认为人是知识的积极探求者和建构者，知识的建构是通过人与环境的互动而产生的，知识是学习者在一定的情境下借助他人（教师、同伴等）的帮助，利用必要的学习材料，通过意义建构的方式而获得的。知识的学习和传授重点在于个体的转换、加工和处理，而非灌输，知识不能被训练或被吸收，只能由学生自身建构而成，因此，教师要善于创

设信息丰富的学习环境，为学生提供最恰当最真实的语言信息输入，引导、帮助学生习得知识和发展。教师在课堂教学中使用真实的任务和学习领域内的一些日常的活动或实践，有助于学生用真实的方式来应用所学的知识，也有助于他们意识到自己所学知识的相关性和意义性[29]。

② 建构主义的学生观。建构主义认为，学习者在进入教室时并不是头脑空白的，而是带着原有的经验而来的，他们对知识的建构过程总是以一个已有的知识结构作为基础的。已有的知识结构能够根据具体实例进行重新建构，也就是说，学习者能够主动根据先前的、已有的认知结构，选择性地知觉外在信息，进而建构其对当前事物的认识。可见，学习者对外来信息的接受并非被动消极的，而是主动地对信息和知识材料进行不断加工，建构自己的意义的过程，学生个人的经验和参与的主动性在学习知识过程中具有非常重要的作用。

③ 建构主义的教师观。建构主义的教师观引起了人们对教师在课堂中角色和身份的重新思考与定位。与传统的课堂教学不一样，教师不再是我们传统意义上的知识的传授者和灌输者，教师最大的作用在于组织、指导、帮助、促进学习者利用情境、协作、会话等学习环境要素充分发挥学习的主动性和积极性，最终达到有效地实现对当前所学知识的意义建构的目的。在建构主义的观点里，学生才是获取知识的关键，学生获取知识的途径是对知识的主动建构，教师要想取得良好的教学效果就必须了解学习者的特征，为学生提供合适的帮助与指导，设计适合学生个性的情景问题与学习资源。

建构主义的知识观、教师观和学生观（图2.2），无一不强调知识习得过程中情景教学的重要性，通过情景教学，让学习者对与某事件相关的整个情境、背景或环境有所了解，更有利于学生掌握知识，并且，学习者在真实情景中学习，大大缩小了课本知识与解决社会生活实际问题间的距离，培养了学生对知识的迁移能力。学习情境与实际情境相结合，使得课堂教学不再是枯燥无味的理论讲解，将知识放置在情境之下，知识也变得更具有生动性和丰富性，更容易激发学生的学习兴趣。

在建构主义学习理论中，强调以学生主体为中心，以教师为纽带的重要性。在沉浸式学习环境下，学生实现自主性的知识学习。教师不再进行"填鸭式"教学，而是作为引领者帮助学生进入知识学习当中。教学资源、教师和学生的关系如图2.3所示。

当应用VR教学资源进行教学时，学生成为了课堂的主体。通过系统提供的多元化的教学环境，不仅能够帮助学生增强学习兴趣、促进学生汲取知识，更是方便了教师的"教"与学生的"学"，极大地降低了教育成本，真正做到师生教学相长。

图 2.2　建构主义学习理论

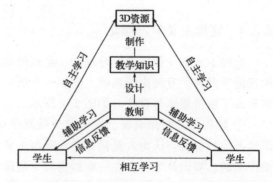

图 2.3　建构主义下的教学资源、教师和学生的关系

2.3　"VR+ 教学"模式指导思想

"模式"一词是英文 model 的汉译名词。model 还译为"模型""范式""典型"等。一般指被研究对象在理论上的逻辑框架，是经验与理论之间的一种可操作性的知识系统，是再现现实的一种理论性的简化结构。将模式一词最先引入到教学领域，并加以系统研究的人，当推美国的乔伊斯和韦尔。美国学者乔伊斯和韦尔在出版的《教学模式》一书中，开创性地将其作为教学研究领域的一个独立研究方向，并把它界定为"一种可以用来设置课程、设计教学材料、指导课堂或其他场合教学的计划或范型"。在国内教育界，经过三十多年的研究，大多数人认同的界定是：教学模式是在一定的教育思想、教学理论和学习理论指导下的，在一定环境中展开的教学活动进程的稳定结构形式。新课程倡导采用对话、互动、生成型的教学方式，引导学生进行自主、合作、探究的学习，给学生多维开放的学习空间，赋予课堂以生活意义和生命价值。这是传统的讲授-接受教学模式无法做到的。

传统教学模式都是从教师如何去教这个角度来进行阐述，忽视了学生如何学这个问题。杜威的"反传统"教学模式，使人们认识到学生应当是学习的主体，由此开始了以学为主的教学模式的研究。现代教学模式的发展趋势是重视教学活动中学生的主体性，重视学生对教学的参与，根据教学的需要合理设计教与学的活动。

中国古代著名的教育家荀子曾说"不闻不若闻之，闻之不若见之，见之不若知之，知之不若行之。学至于行而止矣。"

机械工程专业传统教学模式与现代信息技术的融合研究有待深入，需要相应的教学模式总体设计，以使现代信息技术能更好地服务于教学，避免"课堂教学满堂灌、实验教学走流程、实训教学多看看、学生自学背教材"的教学状态；在教学中，应重视对学生的学习动机激励，使用丰富的学习资源、多样的学生学习模式，对学习产生持续学习动机激励，以满足学生的多元化学习需求和自主发展，满足机械类专业人才培养需求。再者，有些机械类专业知识抽象晦涩，学生的学习如果脱离了特定的情境，形式化、抽象化以及记忆表征的单一化会使得教师讲授难、学生理解难、师生交流难；以实物为主的实验、实训方式，无法充分满足高成本、高危险、高污染、长周期、大规模等方面的实践教学需求。在当前信息化社会大背景下，学生对知识获取途径的要求和方式也在不断发生变化。时代的变化、技术的进步要求教师要不断更新教育教学方式，打造能满足新形势下教学需要的课堂。

习近平总书记在给 2018 世界 VR 产业大会贺信中指出："虚拟现实技术逐步走向成熟，拓展了人类感知能力，改变了产品形态和服务模式。"VR 技术、互联网技术与教育教学的深度融合，成为新兴技术范式下的教师教学方法创新与实践的重要探索方向。

为适应教育改革与发展的新形势，提高教育教学质量，为全面贯彻素质教育，落实新课程理念，改革课堂教学结构，优化课堂教学模式，为了各个层次的教学改革活动，合理统筹教学实践中的要素，明确活动要素的内涵、逻辑关系，以及"VR＋教学"模式实施的技术路径和产出目标，将"理实虚用、四位一体"的教学改革指导思想作为"VR＋教学"模式的指导思想（图 2.4）。

"理实虚用、四位一体"指导思想将理论知识讲授内容与目标、实践技能训练内容与目标，使用虚拟现实等信息化技术，与其应用场景进行有机结合和充分融合，以有效解决实践教学过程中高投入、高损耗、高风险及难实施、难观摩、难再现的痛点和难点。

机械工程专业课程教学体系可以分为课堂课程、实验课程、实训课程、学生自学等几个

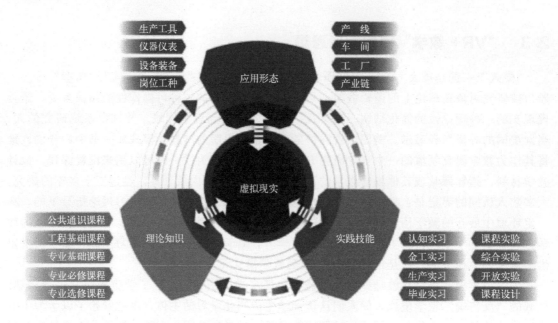

生产工具
仪器仪表
设备装备
岗位工种

产　线
车　间
工　厂
产业链

应用形态

虚拟现实

公共通识课程
工程基础课程
专业基础课程
专业必修课程
专业选修课程

理论知识

实践技能

认知实习　课程实验
金工实习　综合实验
生产实习　开放实验
毕业实习　课程设计

图 2.4 "理实虚用、四位一体"的教学改革指导思想

层次。机械工程专业课堂教学的课程一般包括公共通识课、数学与自然科学课程、工程基础课、专业基础课、专业课程等几个类别。实验课程主要分为课程实验、综合实验、开放实验等。实训课程主要包括实习、课程设计、综合实验周、毕业设计等。实习主要包括认知实习、金工实习、生产实习、毕业实习;课程设计一般包括机械制图测绘周、电工电子学课程设计、机械原理课程设计、机械设计课程设计、专业课程设计等。

"理实虚用、四位一体"指导思想的实践主体是全时空"VR+教学"模式,包括 VR+课堂教学、VR+实验教学、VR+实训教学、VR+自主学习等。

(1) VR+课堂教学建设思路

VR+课堂教学指基于 VR 技术的沉浸性、交互性和构想性三大特点构建的与教学大纲课程内容相匹配的沉浸体验式虚拟教学场景。针对机械工程专业理论知识抽象晦涩、机械内部结构复杂等问题,开发专门的 VR 教学资源,利用 VR 技术将知识要点附加到三维模型之上,实现知识要点的三维可视化,在课堂教学中利用 VR 黑板❶的触控功能,可实现三维结构可以任意旋转、缩放,互动拆装,以及工作原理三维动画展示,解决教师讲授难、学生理解难、师生交流难的问题。

VR 教学资源与课堂教学相结合,教师通过含 VR 知识点的 PPT(演示文稿),使用 3D 版教材、VR 智慧课堂、VR 黑板及 VR 教学云平台进行课程讲解,改变传统课堂教学讲述为主的教学模式,构建学生自主讨论、沉浸体验、交联互动的课堂教学模式,可以因材施教,使学习内容变得更加形象而便于理解,提高教学效果。

(2) VR+实验教学建设思路

针对传统实验教学困境,将 VR 技术引入实验教学,通过 VR 技术构建"真实"的实验场景,将实验设备进行"孪生",利用 VR 技术的 3I 特性(沉浸性、交互性和构想性)建设

---

❶ VR 黑板:一种电子白板多媒体设备,具有电子板书、多媒体显示、VR 立体显示功能,立体状态下,学生佩戴立体眼镜,可以看到类似 3D 影院中的效果。

沉浸体验式学习环境。全新的体验式学习环境，可以彻底打破空间和时间的限制，不但可以将设备外部信息直观地展示给学生，学生甚至可以"走进"设备的内部进行观察，了解其运行原理与内部的工作情况，生动直观地感受与学习。

VR 教学资源与实验教学相结合，形成 VR+实验教学模式。

① VR+辅助实验教学。利用 VR 技术，将实验过程虚拟化，学生在课前预习阶段借助 VR 教学资源进行学习，在讲课阶段，教师利用 VR 教学资源及设备进行实验讲解，在学生动手操作阶段，可利用 VR 教学资源指导学生完成实验测试，即四步 VR+实验方法（VR+预习、VR+讲解、VR+指导、VR+测验，具体参见后文 4.3.2 节）。

② VR+孪生实验教学。针对实验教学过程高投入、高损耗、高风险及难实施、难观摩、难再现的"三高三难"问题，构建虚拟实验资源，模拟"三高三难"实验全过程，并响应实验结果，以虚拟实验替代真实实验。

（3）VR+实训教学建设思路

利用 VR 技术，针对真实企业环境、设备、产品等基础设施进行仿真模拟，构建与实际应用场景对应的 VR 实训环境，供学生开展基于真实工作过程的仿真模拟学习，促进学生直观深度地观察、体验、反复操作和完成过程性评价，从而无缝衔接真实情境下的工作任务，使学生可以更充分地体验、更有效地进行知识建构的泛在学习与训练。

VR 教学资源与实训教学相结合，形成不同的 VR+实训教学模式。

① VR+辅助实训教学。借助 VR 实训教学系统，使学生首先在虚拟环境中进行操作，并及时获得反馈和指导，掌握必要的操作技能。然后在真实设备上进行实际操作，操作过程中遇到问题，可以到 VR 实训教学系统进行学习，获得指导。实训过程（预习、讲解、指导、测验）中将 VR 实训资源与实训教学环节深度融合，通过虚拟仿真—实操—再虚拟仿真—再实操的模式进行。在虚拟仿真中理解，在实际操作中巩固，在反复训练中提高，降低教学过程对真实设备依赖度的同时大幅提高实训教学效果。

②"VR+"虚实结合新实训模式。开发实训基地实训设备（系统）的 VR 孪生教学资源，实现真实设备与虚拟资源的融合，实施实训教学的先虚后实、以虚助实、虚实结合的教学形态，实现易教、易学、易用的目标。

（4）VR+自主学习建设思路

纵观教育的发展历史，教学的基本形式主要有讲授注入式、启发讨论式，自主学习式三种形式。

① 讲授注入式的教学形式强调学生对教师行为的依赖，以程序教学理论为基础，规定教学内容，教学设计以灌输为本，通过规定教师的行为（传道、解惑），把规定的教学内容灌输给学生。

② 启发讨论式的教学形式其教学内容也是规定的，以行为主义的思想为基础，通过提问、讨论的方法进行教学设计，完成教学任务，实现教与学双方的沟通。其在教学形式中尽量强调教师行为的主体性，但教与学之间相对于讲授注入式来说比较平等，有利于学生学习能力的发挥、学习潜力的挖掘、学习兴趣的培养。

③ 自主学习式的教学形式强调的是学生自主学习的行为，以人本主义思想为基础，强调以学习为中心，教学设计是以教育对象的认识心理、认知特点、认识途径、认知要求为依据，提供展现各种知识的界面，让学生选择学习，并对学生提供多种方式的辅导和帮助。这种学习形式的学习过程本身就是能动的过程，有利于充分挖掘学生的学习潜力，培养学生的

能动精神，激发学生的创新意识。在这种教学形式下，学生学习可以不受教师、教学时空限制，学习方式有更多灵活性。教育的成功与否，在于人的能动性的激发程度。自主学习的教学形式最有利于激发人的能动性，可以使受教育者学会学习，适应学习化社会，更能使人的创造思维不断得到培养。

自主学习的思想古来有之，如苏格拉底的"助产士"教学思想与孟子的"深造自得"思想。近年来，自主学习的研究在心理学、教育学界愈加活跃。自主学习的集大成者齐莫曼从学习动机、学习方法等方面对自主学习的实质进行了解释。他认为"自主学习的动机应该是内在的或自我激发的，学习的方法应该是有计划的或已经熟练达到自动化程度，自主学习者对学习时间的安排是定时而有效的，他们能够意识到学的结果，并对学习的物质和社会环境保持高度的敏感和随机应变能力。"

当前高等教育的改革正在从以教师为中心向以学生发展为中心转变。Robert B. Barr 和 John Tagg 认为"以学生为中心，最根本的是要实现从以教为中心向以学为中心转变，即从教师将知识传授给学生向让学生自己去发现和创造知识转变，从传授模式向学习模式转变[30]"。也就是说学校教育中教师需要教给学生的不仅仅是知识，更需要教会学生自主学习的方式与方法，及掌握知识的方法，培养其自主学习的能力，使其即使走上社会依然可以不断地自我完善与提高[31]。

通过分析当代大学生的个性特点可以得知，他们喜欢刺激有趣的活动形式，例如探索式、推理式、闯关式的游戏方式。针对自主学习，学校、教师可根据课程内容、专业特点设置一种"挖矿"开发的学习模式，刺激学生探索的欲望，促进学生通过对未知领域的兴趣，提高自主学习的动力[32]。

随着科学技术的发展，VR 技术越来越成熟，在教育教学中的应用也越来越广泛和频繁，不仅能够帮助学生更加快捷地理解和领悟所教课本知识的含义，而且通过直观性的教学方式进行教学，可以让学生积极参与到教学环境中去，切身体会知识的内涵和意义。VR 技术为学生创建一个自主、自由、高度仿真的虚拟空间，具有较大的开放性。能够让学生在这个虚拟空间里，自主选择要学习的方式和内容，全方位地感受知识的刺激，加深对所学知识的印象和理解。给学生更多发挥想象力和创造性的空间，让学生在空间里进行自主探索，培养学生的形象思维能力。

学生在课前、课中或课后使用 PC（个人计算机）、手机、PAD（掌上电脑）等多种智能终端，利用 VR 教学云平台、3D 版教材等资源进行自主学习，可以与虚拟世界进行互动，实现较高的学习参与度。学习过程会给学生带来放松、愉悦、成就感等积极情绪，激发学生的内在学习动机和学习兴趣，让学生在知识探索的过程中满足个性化学习需求。学生自主学习的意识逐渐加强，学生动手、动脑的能力也在不断提高，实现人人皆学、处处能学、时时可学的学习环境。

第 3 章
VR 教学云平台建设

VR 教学云平台，是云计算在教育领域中的应用，是利用教育信息化所需的一切硬件资源构建的基础设施。云平台通过加载丰富的数据资源，实现虚拟仿真内容的云端资源存储、计算、渲染和管理，支持跨终端、跨平台，随时随地使用。

VR 教学云平台为教学资源支撑平台，用于对教师、学生、VR 教学资源、虚拟仿真实训教学场所、虚拟仿真实训设施设备等进行统筹管理，具备教学过程的监控分析及 VR 教学资源汇聚分配的管控统计等功能。

云平台支持单机版软件的远程共享使用，支持多终端登录使用，包括 PC、手机、VR 黑板、平板电脑、VR 头盔、桌面全息交互机等；支持软件在云端服务器完成渲染，保障低配置设备流畅运行虚拟仿真软件；支持浏览器访问登录使用，无须下载任何插件或者应用；支持对上线资源提供可靠的加密保护，避免资源被下载盗用；支持后续根据需要升级；支持学校现有资源迁移。

教学云平台的应用如图 3.1 所示。

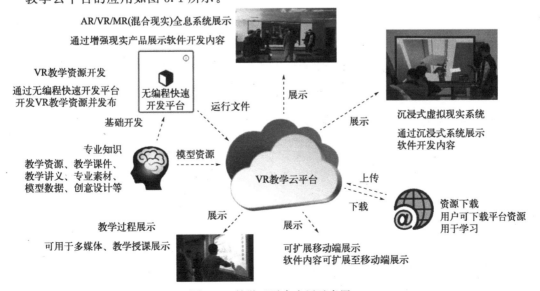

图 3.1　教学云平台应用示意图

平台采用云计算、云渲染、虚拟化技术以及交互式视频流等技术，顺应5G发展趋势，将仿真运算程序和3D模型资源放置在云端服务器上，仅将仿真和渲染后的3D界面推送给"瘦客户端"，降低信息处理开销和数据传输总量，使用户无需配置高性能、高成本的计算终端，也无须配置额外的适配终端解决兼容性问题。平台建设工作路线如图3.2所示。

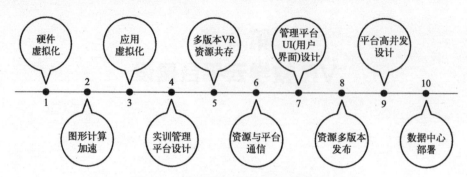

图3.2　VR教学云平台建设工作路线图

教学云平台建设主要工作包括以下三方面：

（1）构建优化企业级基础设施云平台

基础设施云平台的构建目标和主要任务是实现服务器、存储的虚拟化管理，创建具有弹性计算能力的基础设施服务云运行框架。云平台采用主流云计算平台技术构建基础计算环境，主要内容包括服务器虚拟化、存储系统虚拟化、互联网基础平台构建等。互联网基础平台配置为1Gbps带宽、联通电信等多出口架构。必要情况下，可以考虑分布式多数据中心的架构模式，以提供更好的终端用户体验和系统可靠性。

（2）实现VR资源虚拟化应用

应用虚拟化，把应用程序的人机交互逻辑（应用程序界面、键盘及鼠标的操作、音频输入输出等）与计算逻辑隔离开来。应用程序的计算逻辑在服务器中运行，结果通过人机交互逻辑传送给客户端，用户获得与运行本地应用程序一样的体验。本平台使用专门的应用虚拟化软件与技术，对VR资源程序进行管理与运行。

（3）建设完善云平台管理系统

基于企业级的基础设施云平台，按专业与课程部署相应VR/AR数字化资源，进而开发旨在支持师生便捷使用的虚拟仿真教学云平台管理系统。云平台管理系统为校内外师生提供线上的VR/AR教学资源使用及管理服务；为学校提供管理员、教师、学生三级管理功能，并分配相应权限；对教学过程和学生学习过程进行管控与统计等。

3.1　VR教学云平台基础设施建设

VR教学云平台是基于GPU云化、图形容器、音视频实时编解码、网络传输优化等核心技术的云化XR（cloud XR，XR为扩展现实）从云到端全链路标准化产品，能够实现分钟级部署、大规模高并发支持、弹性扩容、高稳定性、高适配性和高可控性。无需代码修改，一键实现复杂3D应用在轻量级终端上访问。VR教学云平台基础设施建设包括VR虚拟化管理系统、VR云渲染管理系统、VR云服务器。

3.1.1　VR 虚拟化管理系统

系统支持单机版软件的虚拟化部署与分发，将 C/S（客户端/服务器）型桌面级虚拟仿真教学系统无缝转为 B/S（浏览器/服务器）型使用。资源监控中可以查看服务器 IP（互联网协议）地址，对使用过程中的 CPU/GPU（中央处理器/图形处理单元）使用率、型号及内存使用率进行监控，查看网络的上行和下行速率，以及对磁盘内存使用率进行监控，可显示服务器当前运行数。支持设置系统的配置参数，如系统授权方式、无操作时限、他系统访问凭证等。支持无操作超时断开功能。支持接入管理：管理第三方链接的使用权限。支持用户管理：后台添加/编辑/删除用户。支持应用管理：打开后台管理界面，可设置初始化鼠标模式、封面图、执行文件路径、应用本身启动参数、当前应用的最大并发数、应用启动时是否开启离屏渲染模式。集群部署情况下，可设置是否添加应用就立即同步。可对上线资源提供可靠的加密保护，避免资源被下载盗用。

3.1.2　VR 云渲染管理系统

VR 云渲染管理系统支持软件在云端服务器完成渲染，保障低配置终端设备流畅运行仿真资源，支持终端操作系统包括 Windows、Linux、MacOS、iOS、Android。支持终端浏览器访问登录使用，无须下载任何插件或者应用。浏览器包括 Chrome、火狐浏览器、Safari、360 极速浏览器、Edge、QQ 浏览器，支持在微信中直接打开使用。选择使用接口二次开发时，调用"进入应用"接口可设置是否允许附加额外参数。可设置初始化鼠标模式：初始化鼠标模式分为锁定模式和非锁定模式，锁定模式即鼠标锁定在画面中，不可以点击应用画面以外的内容。非锁定模式即鼠标可以点击画面以为的内容。窗口初始化方式设置：进入应用时客户端窗口初始大小可以按原始大小、尽量填充容器（保持宽高比）、完全填充容器（裁剪）三种方式显示。支持多分辨率，最高可支持 4K。具有多码率自动调节功能，针对桌面级 3D 资源：$2\sim8$Mbps；针对 VR 类资源：$20\sim100$Mbps。支持多终端登录使用，包括 PC、手机、平板电脑、VR 头盔一体机等。具有中心管理功能：

① 支持高可用部署，支持大规模高并发场景，集群性能稳定性强；
② 支持渲染集群节点动态调节、故障节点自动下线；
③ 支持应用集中管理自动分发，大文件高速传输；
④ 支持冷热数据分类管理，节省存储空间。

3.1.3　VR 云服务器

以系统并发数 240 个进行基础建设，支持后续根据需要弹性伸缩扩容升级并发数。

（1）GPU 计算平台（3 台）

单台技术参数要求：

① 规格：标准 4U 机箱中放置 8 个高性能 CPU＋独立显卡节点；
② 主板：平台支持≥8 个 Intel B365 芯片组主板；
③ 性能指标：系统采用第九代智能英特尔酷睿 i9 处理器，处理器数≥8 个，单处理器核心数量≥8 个，工作频率≥3.6GHz，最大睿频频率不低于 5GHz，TDP（散热设计功耗）不低于 95W；
④ 数据指标：系统采用高效数据系统，支持处理器直接数据读取，工作频率不低于

2666MHz，可分配容量每个处理核心不低于2GB的容量，主板支持16GB×2 DDR4 2666MHz；

⑤ 高速计算模块：为提高系统的运行效率，配置加速模块，加速模块采用主动散热模式，供电环境由系统统一供应；CUDA核心3584个，加速频率1777MHz，基础频率1320MHz；显存位宽192位，显存类型GDDR6，显存容量12GB，显示支持最高分辨率7680像素×4320像素，标准显示器接口HDMI 2.1，3个DisplayPort 1.4a；支持4个显示器，支持HDCP，显卡最大功耗170W，接口类型PCI Express 4.0×16；加速模块支持101万亿次每秒的单精度浮点计算能力，加速模块8个；

⑥ 硬盘：不少于8块M.2硬盘，单块硬盘容量≥500 GB系统容量；

⑦ 存储支持规格：单节点支持≥1x NVME M.2 PCI-E3.0×4接口；

⑧ 网络：≥2个Intel 1Gb RJ45接口；可远程管理；

⑨ IO接口：单节点支持2个及以上USB 3.0接口，1个及以上HDMI 2.0接口，1个及以上3.5mm音频插口；

⑩ 电源：为了确保平台的稳定可靠运行，具备2个及以上1600W冗余供电模块。

（2）虚拟机系统

通过虚拟化管理配置及云渲染等功能实现VR资源快速加载、在线流畅使用、无须下载插件、支持在线场景多人使用，稳定运行。

（3）其他附件

交换机一台（24口全千兆网管型企业级交换机）、路由器一台、超六类屏蔽网线。

采用云渲染的方式，实现随时随地、任意终端的在线访问，大大提升用户体验；用户与数据分离，从根本上保护知识产权；降低对终端硬件的配置、系统等差异化要求；兼容性极强，便于学校构建统一入口云平台。VR教学云平台架构如图3.3所示。

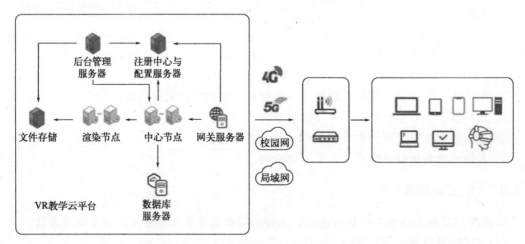

图3.3　VR教学云平台架构

3.2　VR教学云平台管理系统

VR教学云平台管理系统为学校提供管理员、教师、学生三级管理功能，并分配相应权限。教师登录门户网站系统，可以使用所有资源，进行线上授课，批阅实训报告，对学生成绩进行管理，指定线上或线下排课计划，并可以在聊天室与学生进行实时聊天，解答学生疑惑。通过云平台，教师可以实时了解学生学习进度、把控学生的学习状况、获得学生反馈等等。同时，平台将帮助学生更有效地学习并理解复杂重要的知识点，通过实时记录学生的使用情况、互动结果、注意力焦点变化等行为，结合历史信息进行大数据分析，为教师提供智能化、定制化、个性化的教学建议。

学生登录门户网站系统，可以使用所有资源；支持上传实训报告和查看报告成绩；支持对实训的知识内容进行自测考核并查看测试成绩；支持按照教师的排课计划进行线上或线下预约选课；支持在聊天室和同学、教师进行实时聊天。

管理员登录后台管理系统，可以查看平台的资源运行数，资源数、学生数、资源使用次数排名等相关信息，帮助管理员更方便地管理云平台。后台管理系统支持管理员对课程资源进行分类管理；支持发布虚拟仿真教学资源；支持设置门户网站热门资源推荐内容；支持后台对用户信息进行导入导出，以及对用户进行增、删、改和重置密码的操作；支持对线下实训室进行管理；支持上传单选、多选、判断类型的实训题；支持设置门户网站轮播图；支持查看学生和教师用户登录门户网站的操作记录。

3.2.1　课堂教学功能

① 资料栏目：支持教学课件（PPT）、颗粒化 VR 教学知识点、仿真实训软件、教学视频上传管理及使用。

② 在线直播栏目：教师可使用 VR＋云课堂或自主选择直播平台进行在线教学。

③ 教学 PPT＋颗粒化 VR 教学知识点授课：支持教师下载教学课件（PPT）进行授课，PPT 可随时打开链接的线上的 VR 知识点资源进行演示互动。（教师也可使用自己的 PPT 链接在线资源。）

④ 仿真实训演示授课：支持教师使用云平台的仿真实训资源进行互动操作，演示授课。

⑤ 教学视频学习：支持上传高校教师使用 VR 资源进行课堂授课的慕课视频，学生可以在线自学。

3.2.2　实验、实训教学功能

① 资源栏目：支持仿真实验、实训软件上传管理及使用。

② 服务方式：学生可使用虚拟仿真软件，完成相应的实验、实操训练及考核，平台自动评定成绩，教师可自主导出成绩，如图 3.4 所示。

3.2.3　教学监管功能

云平台具有学习测试题添加功能，教师可以针对 VR 教学云平台上的虚拟仿真教学资源内容自主添加测试题，待学生完成资源学习及考核后，平台自动评定成绩，教师可自主导出成绩。支持师生交流：为实时交流的聊天系统，方便教师答疑。

（1）学生端

① 课程学习功能。学生登录教学云平台，可以使用所有资源；支持上传实训报告和查看报告成绩；支持对实训的知识内容进行自测考核并查看测试成绩；支持按照老师的排课计划进行线上或线下预约选课；支持在聊天室和同学、老师进行实时聊天，如图 3.5～图 3.9所示。

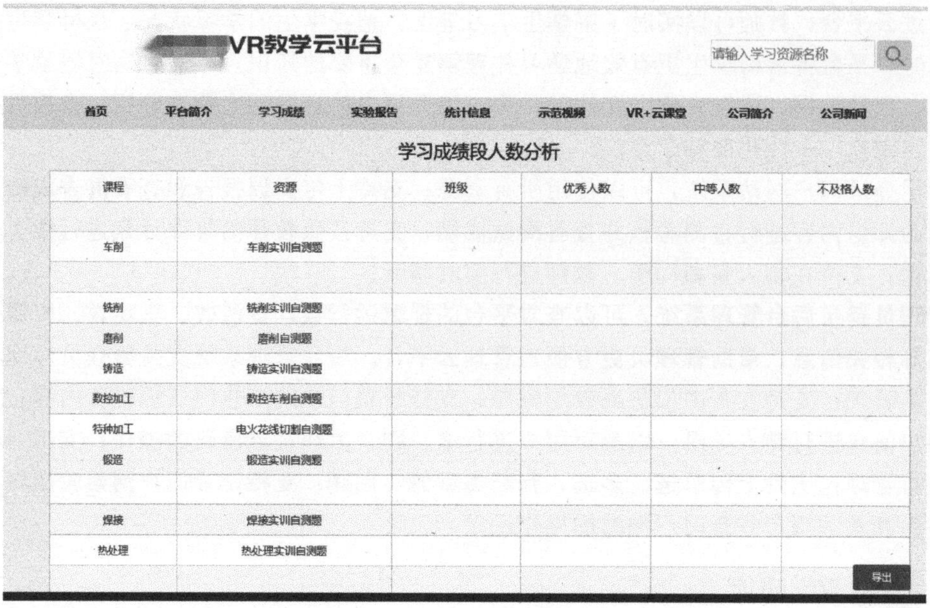

VR教学云平台
请输入学习资源名称
首页
平台简介
学习成绩
实验报告
统计信息
示范视频
VR+云课堂
公司简介
公司新闻
学习成绩段人数分析
课程
资源
班级
优秀人数
中等人数
不及格人数
车削
车削实训自测题
铣削
铣削实训自测题
磨削
磨削自测题
铸造
铸造实训自测题
数控加工
数控车削自测题
特种加工
电火花线切割自测题
锻造
锻造实训自测题
焊接
焊接实训自测题
热处理
热处理实训自测题
导出

图 3.4　VR 教学云平台实验、实训教学成绩评定示例

虚拟仿真实训教学
管理与资源共享平台
首页
课程学习
成绩管理
选课
欢迎您，学生
全部
机械工程
工程训练
组合夹具实验
切削精度加工综合实验虚拟仿真教学
车床三箱拆装实验
车床几何精度检验实验虚拟仿真教学

图 3.5　教学云平台的课程教学资源

虚拟仿真实训教学
管理与资源共享平台
首页
课程学习
成绩管理
选课
欢迎您，学生
组合夹具实验
开始学习
课程简介
报告上传
随堂测试
测试记录
聊天室
将文件拖到此处，或点击上传
只能上传pdf格式，且不超过100MB

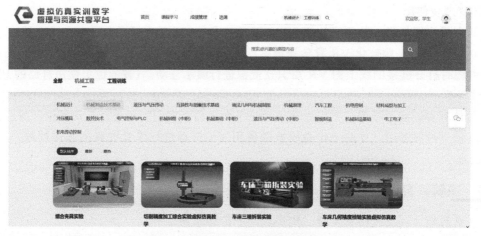

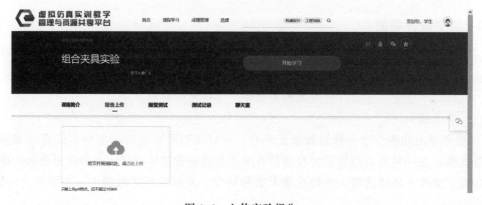

图 3.6　上传实验报告

图 3.7　课程随堂测试

图 3.8　课程测试记录

图 3.9　课程聊天室

② 成绩评定及查询功能。学生还可以使用云平台上的虚拟仿真实训软件，完成相应工种的操作训练及考核，平台自动评定成绩，学生可查看个人成绩，如图 3.10 所示。

图 3.10　学生端成绩管理功能

③ 选课功能：学生在教师指定的虚拟实验自主学习中达到了设定的分数后，才能进行下一步的实验课选课，如图 3.11 所示。

（2）教师端

① 课程学习功能。教师登录教学云平台，可以使用所有资源，进行线上授课，批阅实训报告，对实训成绩进行管理，指定线上或线下排课计划，并可以在聊天室与学生进行实时聊天，解答学生疑惑。教师课程学习功能如图 3.12 所示。

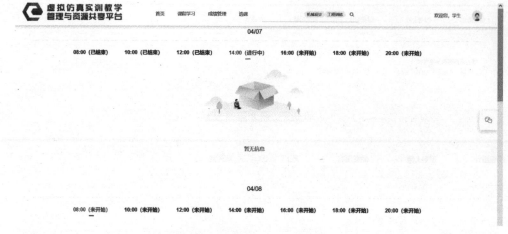

图 3.11　学生端选课功能

图 3.12　云平台教师课程学习功能

② 成绩管理功能。教师可以登录云平台，对学生上传的实验报告进行批阅，查看相应班级的学生成绩、操作次数等，如图 3.13 所示。

图 3.13　教师端成绩管理功能

③ 选课功能。教师可以登录云平台，查看每天学生的选课情况，如图 3.14 所示。

图 3.14　云平台教师端选课功能

（3）管理端

① 云平台管理端。管理员可查看云平台的资源运行数、资源数、学员数、资源分类占比、教学资源使用统计等信息，如图 3.15、图 3.16 所示。

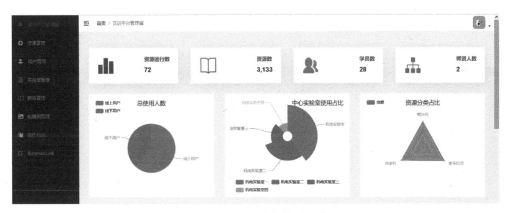

图 3.15　云平台管理端

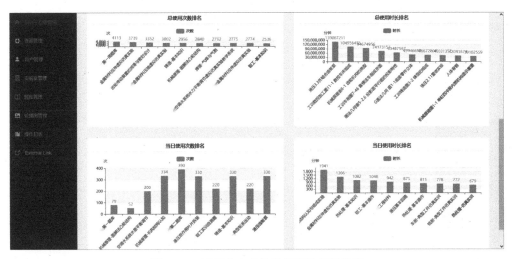

图 3.16　云平台上各教学资源的使用统计

② 资源管理。

分类管理：管理员可对平台教学资源进行分类，可新增或导出分类，并可对新增的类别进行排序，如图 3.17 所示。

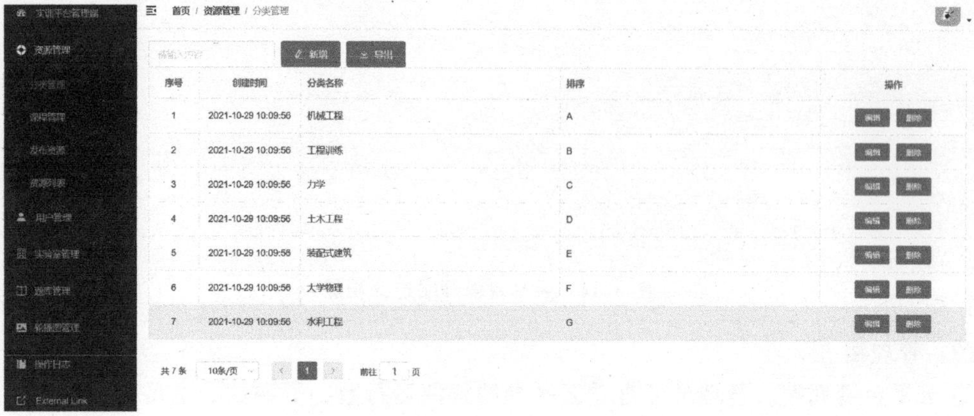

图 3.17　云平台教学资源分类

课程管理：管理员可新增、删除、编辑或导出课程，并可对课程进行分类归纳，如图 3.18 所示。

图 3.18　云平台课程管理

发布资源：管理员可上传虚拟仿真的教学资源，并进行相关课程信息的创建和发布，如图 3.19 所示。

图 3.19　云平台教学资源发布

资源列表：可对平台上的资源进行编辑、查看、删除和导出操作，如图 3.20、图 3.21 所示。

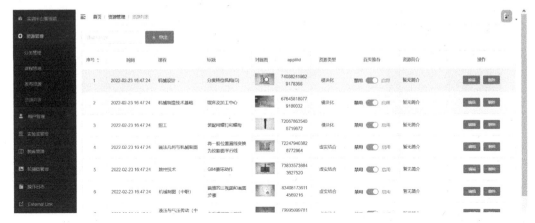

图 3.20　云平台教学资源管理

图 3.21　云平台教学资源编辑

③ 用户管理。

用户信息：可新增、删除或导出用户信息；针对学生用户可更改用户类型为教师；可对用户密码进行重置操作，如图 3.22、图 3.23 所示。

图 3.22　云平台用户信息管理功能

图 3.23　云平台用户信息添加功能

批量导入：通过导入 Excel 文件可批量导入用户信息，进行数据的采集提交，如图 3.24 所示。

图 3.24　云平台用户信息批量导入功能

④ 实验室管理。可在云平台上对实验室进行新增、删除、编辑、导出等操作，如图 3.25、图 3.26 所示。

图 3.25　云平台实验室管理功能

图 3.26　云平台实验室管理编辑功能

⑤ 题库管理。可以在云平台上对题库中题目进行查询、添加、预览、编辑、删除等操作，并可对题目进行分值、难度、答案等进行设置，如图 3.27 所示。

图 3.27　云平台题库管理

⑥ 轮播图管理。可添加平台或实训基地介绍、学院新闻、院系设置等的轮播图，如图 3.28 所示。

图 3.28　云平台轮播图管理

⑦ 操作日志管理。可查看学生或教师用户登录操作云平台的相关记录，并可进行删除操作，如图 3.29 所示。

图 3.29　云平台操作日志管理

3.3 VR教学云平台配套资源

VR教学云平台配套有虚拟仿真VR教学资源线上服务（图3.30），项目库资源以单机形式通过VR教学云平台实现远程共享。

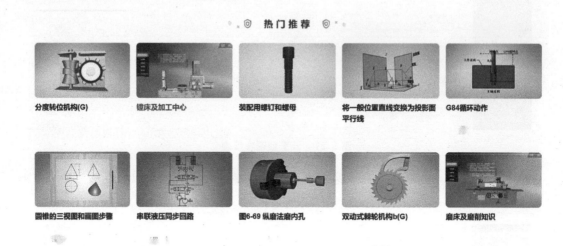

图3.30 云平台上配套的颗粒化VR教学资源

3.4 无编程VR快速开发工具接口

教学云平台预留了VR教学资源零编程开发接口，如图3.31所示。通过无编程VR快速开发平台发布的单机版VR教学资源可以在教学云平台上运行。教师和学生进行教学内容的VR资源开发及设计完全不用编程，不用写代码，无需具备编程基础，完全为可视化设计制作。平台不采用蓝图形式，不用考虑数据结构等编程术语。

图3.31 云平台VR教学资源零编程开发接口

VR 教学云平台具有如下优势：

① 云端部署：VR 教学资源的计算及渲染全部在云端实现，无须下载，通过极简的网页即可打开。

② 实时共享：实现已有 VR 教学资源的上传，在线使用，打破地域限制。在一定网络范围内，实现可控的资源共享，解决虚拟实验资源使用效率不高的问题。

③ 集中管理：兼容不同架构软件，搭建统一入口的资源管理平台，实现统一部署、集中管理教学资源的目的。集中管理可以保护数据安全，便于维护升级，解决运维及管理成本高、扩展性差的问题。

④ 多端访问：可随时随地使用任意终端访问，解决 VR 教学资源利用率不高的问题。

⑤ 安全可靠：传输在网络上的是实时交互的视频流，学生完成操作后，即将操作过程、实验实训数据、实验报告和实验成绩等传到教学云平台，无须对各个已建教学管理平台进行重构，课程也无须下载到客户端，数据与用户分离，既保护了课程资源的知识产权和技术特色，也实现了高校教学教务平台的统一管理。

第4章
"VR+教学"模式构建与实践

针对机械工程专业传统教学中存在的突出问题，在"理实虚用、四位一体"的教学改革指导思想指导下，系统规划和建设了类型丰富（涵盖了课堂教学、实验教学、实训教学等）、数量充足的 VR 教学资源，并应用"云虚拟、平台化"技术构建了 VR 教学云平台，以承载 VR 资源并实现多种类型终端的 VR 资源访问。进而基于 VR 教学资源及教学云平台，构建了新型、高效的全时空"VR＋教学"模式，覆盖和辐射理论、实践和自学等教学活动，实现了更好的信息化教学效果。

4.1 当前机械工程专业教学过程中存在的问题

中国工程院院士李京文表示，中国教育正在迈向 4.0 时代。如今的第四代教育，是以学生为核心的教育。第一代教育以书本为核心，而当今高校普遍实践教育模式仍停留在第二代教育（以教材为核心）和第三代教育（以辅导和案例方式教学为核心）上，学生的真实需求和愿望并没有得到聆听，其呼吁创新变革的愿望并没有被学校所重视[33]。

（1）课堂教学——展示性差、互动不足

课堂教学是教学的主要方式，课堂也是虚拟现实运用于教学的主要场合。纵观课堂教学形式的发展历程，大致分为：第一代，黑板＋粉笔的板书式授课；第二代，投影机、录音机等视听技术式授课；第三代，电子白板、PPT、视频等的多媒体式授课。在课程教学过程中，往往是以教师为主体，由教师借助文字、图片、视频、实物模型、PPT 等对课程知识点进行文字讲解，而学生学习的主动性、对学习的参与度也有待提高。传统的教学理念，主要是以教为主，对学生主体地位的重视度不够，导致学生在整个教学过程中被重视和被尊重的心理无法完全满足，从而产生学习的积极性不高，甚至对学习没有兴趣的现象。教师说教式的教学方式，也会使得整个课堂中几乎只有教师一个人讲课的声音，与学生的互动不够，易使整个课堂教学氛围比较刻板、沉闷，缺乏趣味性和吸引力。除此之外，传统的教学模式，依赖教材或课件，而缺乏对学生真正喜欢的事情的引导和教学，易使学生对学习产生一种负担感，导致整体的教学效果不高，达不到预期的教学目标和教学成效，因而被贴上了"灌输式教学"或"填鸭式教学"的标签。

同时，传统的课堂教学对学生的个性差异重视度不够，常以同一标准来塑造、培养学生，如统一的教学大纲、教学进度和评价标准等等。这种教学易忽视学生之间存在的个体差异，致使本应丰富多彩的课堂教学缺乏活力和生机。

传统课堂教学过程中，为了更形象地使学生感受三维物体的信息，经常要使用一些实物展示，主要有以下几种方式：①利用 PPT 课件中的图片，通过投影仪展示。但这种展示只能提供物体的某一个视角或者某几个视角，学生无法看到图片以外的视角。对于机械设备，这种方式展示效果存在局限，学生需要根据图片去想象结构组成。②实物展示，这是一种很实用的方法，但它存在一个比较严重的缺点是各个学生所处的位置不同，虽然教师拿的是同一个实物，但在不同位置学生的眼中，视角不尽相同。而且实物不可能做得很大，因而后面的学生可能无法观测清楚。对于比较复杂的结构，实物更是难以制作。③通过计算机三维造型及动画展示。使用 SolidWorks、UG、3ds Max 等，建立一个与实物基本相同的模型，通过旋转展示各个视角让学生去观察。因为这种方式是一个预先设定的过程，学生在使用时只能让它停止或播放，而不能任意按照自己的意愿随意选择视角，互动性比较差。

机械工程专业知识点涉及内部构造复杂、运动形式多样、机电液气综合性强的机构或装备，专业知识抽象晦涩，学生理解困难。图片、动画、PPT 等传统资源在理论知识讲解和工程实践案例展现方面沉浸性、交互性不足。少量零散的 VR 教学资源在课堂教学中应用不系统，缺乏相应教学模式。

(2) 实践教学——"三高三难"难以解决

实验、实训教学是机械工程专业的重要实践环节，也是将来学生适应工作岗位的基础。机械工程专业开展实验、实训教学的目的，就是让学生对理论课所学理论进行验证，进一步加深对所学内容的理解、巩固和提高学生的实践操作能力，使得学生能够满足社会的需要。

大部分的专业课程都有相应的实验。在实验教学环节，一般采用教师讲、学生做的传统教学模式，主要以验证性和演示性实验为主，如液压实验、电工电子实验、机床拆装实验、数控加工实验、热处理实验等。设计性、探究性实验较少，过多的验证性实验不利于激发学生学习的兴趣和热情，并且整个实验过程忽视了学生的主体作用，无法通过实验锻炼和培养学生发现问题、分析问题、解决问题的能力，不利于培养学生的创新思维和创新精神。在实验教学中还存在"三高三难"（高投入、高损耗、高风险及难实施、难观摩、难再现）问题，制约了实验教学的开展：①实验设备一般价格昂贵（如数控机床、智能制造生产线、液压实验设备、工业机器人等），且设备更新换代快，学校每年的教学设备投入有限，难以做到及时更新。实验设备的数量及先进性无法满足实验教学的要求。在实验过程中教师仅凭说教、模型和视频等，很难教明白知识的难点和重点。学生没有条件进行动手操作实践，只能凭借自己的想象，难以理解实际的实验操作流程和设备组成结构。②多数实验设备需要通电工作，稍有操作不当，就会造成危险。在设备运行过程中，耗材消耗多，耗时耗电多，故障多，运行维护成本极高。③有些实验，实验周期比较长，学生不能在有限的实验时间内观察到实验结果，如模具的制造。④有些实验过程无法在实验室实施，如汽车的整车装配过程、飞机的维修等。⑤有些实验的实验过程难观摩，如液压实验过程中液压油在管路中的流动回路、数控加工过程的刀具崩刃现象等。⑥很多实验过程中的故障现象无法重现，如电梯的故障。尽管学校每年对实验教学设备作了大量投入，但总量有限，每年的学生实验量大，设备需高负荷长时间运转，设备老化、损坏严重。每组参与实验的人数多，导致学生真正动手操作的机会较少，为数众多的学生只能在旁观看，不利于学生对机械知识的掌握，导致无法充分发挥出实训环节在整个教学中的作用，也很难有效地检验和提高学生的实践能力。因此，以实物为主的实验、实训方式，无法充分满足高成本、高危险、高污染等类型的实践教学需求。

以样机、真机实操为主的传统实训，很难满足日益增长的知识更新和社会的需求，导致学生在学校学习的知识和社会企业的需求脱节，学习效果比较差。

（3）自主学习——缺乏支持、缺少激励

传统的教学模式下，学生主要根据学校制定的课程授课计划、学习时间、上课地点等内容，按照课程安排来调整自己的时间和学习进度，这种模式使得学生的自主性和学习方式的差异性受到极大限制。

纸质教材＋PPT课件的传统教学模式对学生学习动机激励效果不佳。传统教学中适合学生课下预习与课后回顾、复习、练习的教学云平台与数字资源少，学生的学习资源主要来自教材、课外辅导书等纸质材料。课外自学难以形成与课内教学的有效衔接和优势互补，不能完全满足学生多元化学习需求和自主发展需求，不符合教育4.0时代背景下以学生为主的教育理念。学生自主学习的积极性不高，难以满足机械工程专业人才培养需求。

（4）教学模式——改革难、适用性差

传统教学模式下有的学生形成了课前不预习、课中跟不上教师节奏、课后自主学习无从下手的学习状态，学生的自主学习能力非常弱，久而久之，这些学生自然失去了对所学课程的学习积极性，最终因"难"而退，放弃深入学习的可能[34]。

现代信息技术与传统教学模式的融合不深入，缺乏相应的教学模式总体设计。教学模式未能随着VR技术的高速发展实现有效变革，不能充分发挥VR三维可视化及3D情景式教学的优势，师生互动少、体验感差、学习激励不足；教学模式的设计未能有效指引VR教学平台和资源的建设，导致教学资源体系不完整，教学服务平台功能不完善。

4.2 解决问题的思路和方法

4.2.1 总体思路

孔子曾经说过："知之者不如好之者，好之者不如乐之者。"学习的最高境界应该是达到"乐"的境界。而游戏往往被认为是趣味的代名词，一旦平淡的课堂当中加入了游戏，课堂往往就会变得气氛活跃，学生们也会兴致盎然。一直以来，在教学过程中，如何有效地使用游戏来激发学生的学习兴趣，进而提高学习能动性，一直都是教育工作者和教育家们长期研究探索的问题。

VR技术的出现，为学生提供了一个高效便捷的学习环境，创设高效虚拟化的教学空间和沉浸交互式学习环境，让学习不再受到时间和空间等客观因素的限制，给予学生更好的学习体验，突破传统教学中的障碍，实现教学资源的可持续利用。利用VR技术为学生提供了立体可视化的直观交互式学习空间，在VR教学资源中融入游戏的元素，让学生在"通关"中进行学习，培养学生学习兴趣。

针对机械工程专业教学过程中存在的问题，坚持立德树人、学生为本的原则，以培养机械工程专业基础扎实、特色鲜明、学以致用、知行合一人才这一目标为宗旨，结合教育理论，面对VR技术深度融合应用、教学资源规划开发、教学云平台建设、无编程快速开发平台应用、新型教学模式构建、3D版教材开发、应用实践方案设计实施等关键内容，确定如下总体思路：将VR技术与沉浸教育理论、"因材施教，寓教于乐"教育理念、建构主义学习理论、"学习金字塔"教育理论进行深度融合与应用研究，使VR技术的3I特性（沉浸性、交互性、构想性）与课堂教学、实验教学、实训教学、自主学习的内容和过程有机结合，在理-实-虚-用四位一体的教学改革思想指导下，创建以 VR 教学资源为核心、教学云平台为基础的机械工程专业全时空"VR＋教学"模式（图 4.1），实现人人会用、时时可用、处处能用的 VR 教育。通过 VR 技术与教学三要素（教师、学生、教学资源）深度融合，有效推动机械工程专业"教"与"学"活动的创新性变革。

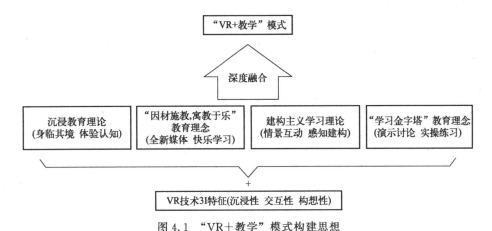

图 4.1 "VR＋教学"模式构建思想

具体研究内容、方法与步骤如图 4.2 所示。

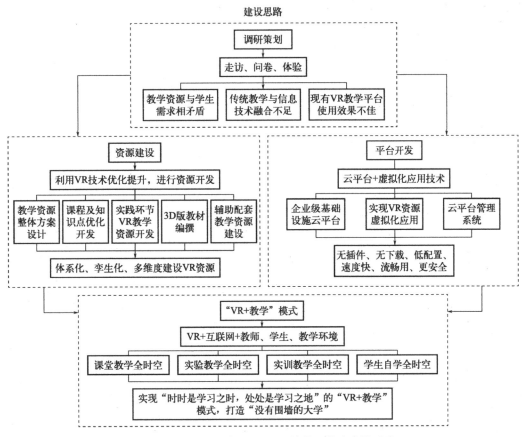

图 4.2 机械工程专业"VR＋教学"模式建设思路

4.2.2 体系化、孪生化、多维度建设 VR 资源

针对目前机械工程专业课程知识点进行系统性规划，建设类型丰富、数量充分、层次完善的 VR 教学资源（每门专业课程的知识点建设 100 个左右的颗粒化 VR 教学资源、VR 实验教学资源、实训教学资源等），以满足更广泛和更深入的学科及专业教学资源需求，适应教学应用活动的特点，支撑全过程的人才培养需要。

资源建设体系化：面向机械工程专业，系统规划相应的 VR 资源架构，遵循课程衔接、过程覆盖的原则。其中过程覆盖主要指不同教学场景的应用需求，包括理论教学、实验实训教学、自主学习等。

资源建设多维度：关注资源类型和层次设计，一方面考虑理论深度的区别（基础型、综合型、探究型等），另一方面考虑知识主题的性质和特色（理论性、实践性、协同性等），以确定不同应用终端形式，诸如移动设备、VR/MR（混合现实）眼镜、VR 头盔、VR 显示屏、VR 黑板等。另外，为辅助课堂、实验和自学过程中的新形态教材需求，开发建设机械类 3D 版系列教材，在纸质教材知识点旁设置二维码，只需手机扫码即可在手机上呈现活灵活现的 3D 资源，并可进行互动操作。

资源建设孪生化：将数字孪生概念引入资源建设过程，针对机械类机构和装置的重要、大型、复杂或先进等特性，利用 VR 技术构建与真实实验仪器、实训设备、教学模型配合使用的 VR 教学系统，形成 VR 孪生资源。

以 VR 教学资源为核心，建设其他辅助、配套的教学资源，如：教学大纲、PPT 课件、作业练习、考试题库、实景资料、AR 实验指导书、视频、案例等，做好资源分类和资源组织，形成课程各个教学环节的完整课程资源库。

4.2.3 通过云虚拟、平台化实现全时空云 VR 应用

如何使得广大师生能够随时随地地访问 VR 教学资源，保证在线 VR 教学资源等各项功能正常使用，且满足大规模、高并发学习需求？可以采用云虚拟技术将教学云平台上的 VR 教学资源由云端向终端呈现处理结果的技术方案。各种 VR 教学资源在云服务器上运行，将运行的显示输出、声音输出编码后经过网络实时传输给应用终端，由终端进行显示输出。终端同时可以进行交互操作，经过网络将操作控制信息实时传送给云端应用运行平台进行应用控制。因此，终端将被精简为仅提供网络能力、视频解码能力和人机交互能力。VR 教学资源的运行在云端完成，用户使用低配的"瘦"终端，在普通带宽条件下即可流畅使用云端的 VR 教学资源，VR 教学云平台架构示意图如图 4.3 所示。

通过搭建教学云平台，用户不需要下载安装任何插件即可在 PC、手机、PAD、VR 黑板、VR 触控一体机、VR 头盔、VR/MR 眼镜、桌面 3D 交互机等各种终端随时使用云平台。平台使用专门的应用虚拟化软件与技术，对 VR 资源程序进行管理与运行，按专业与课程部署相应 VR/AR 数字化资源，建设和完善虚拟仿真教学云平台管理系统，实现对 VR/AR 数字化资源的管理；进行用户属性规划与权限分配；针对学生在平台上的学习与练习行为，进行成绩评价、成绩统计、成绩分析与数据管理。以云平台为基础，构建"普惠 VR"的技术支撑体系，实现 VR 资源基于互联网的真正便捷、流畅、安全、共享应用，保证各类教学应用的顺利开展。同时，扩展 VR 资源及平台系统管理功能，以覆盖"教-学-练-考"全过程。

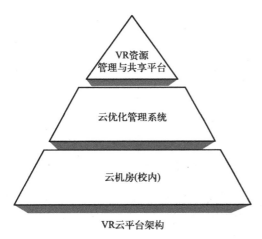

资源类型无限制:
网页版、单机版等均支持
登陆终端无限制:
PC、手机、掌上电脑、VR黑板
终端性能无限制:
VR资源在云端渲染加速,不占用本地资源,
中低端设备使用无影响
网速无限制:
支持中低速率接入
亮点:
单机版资源云共享,相比网页版资源,更稳
定、更安全
智能教学管理:
实验项目练习、实验操作、自动评判、实验
报告上传、实验成绩管理、学生讨论等

图 4.3　VR 教学云平台架构示意图

教学云平台拥有完善的教学过程管理,为管理员、教师、学生等多种角色用户提供权限管理,实现教学资源存储与共享、个性化教与学、智能化教与学的深度融合。学生可登录平台使用 VR 资源进行学习、测试等,并可查看个人测试成绩;教师可登录平台使用资源,查看及导出相应班级的学生成绩、使用次数、学习时长等;管理员可登录平台查看及导出资源应用,对 VR 教学资源进行上传,查看学习成绩等各种管理数据,并可以形成相关统计分析报告。

4.2.4　搭建 VR 教学环境,应用 VR 教学资源

其为了在课堂教学、实验教学、实训教学和学生自主学习中更好地应用 VR 教学资源,以 VR 教学云平台为核心,集各种应用终端、VR 智慧教室、VR 合堂教室、VR 教学资源于一体,为学生创设了接近真实场景的教学和学习环境,打造了高度开放,可交互、沉浸式、体验式的三维学习空间。

(1) 对 VR 智慧教室进行全方位创新构建

对 VR 教学环境进行创新,构建了 VR 智慧教室,支持小班及分组教学;构建了 VR 合堂教室,解决大班教学问题。

① VR 智慧教室(小班教学):由 1 块 150 英寸❶ VR 黑板＋3 块 82 英寸 VR 黑板、学生手机、智慧课堂管理系统、摄像机、拾音器等组成(图 4.4),配合 VR 教学云平台,构建学生自主讨论、沉浸体验、交联互动的教学模式。通过 VR 智慧教室可以实现 VR 课堂教学和 VR 实验实训教学。

VR 课堂教学:VR 黑板支持多点触控、VR 立体显示、普通多媒体显示。PPT＋VR 资源库,课程类 VR 教学资源以知识点颗粒化存在,教师使用 PPT 授课时可以直接链接相应 VR 教学资源,进行旋转、缩放、拆装等互动教学演示,如图 4.5。结合 VR 黑板,可实现触控教学,支持一键切换 3D 影院模式(图 4.6),学生佩戴 VR 眼镜,可以看到悬浮于空中的立体模型。教师可以通过空中鼠标进行互动操作,调动学生学习的兴趣。

VR 实验实训教学:针对实验实训教学项目,教师通过 VR 黑板演示讲解虚拟实验,解决部分实验实训项目设备内部看不见、工作原理搞不清的难题。

---

❶　非法定计量单位,1 英寸(in)为 2.54 厘米(cm)。

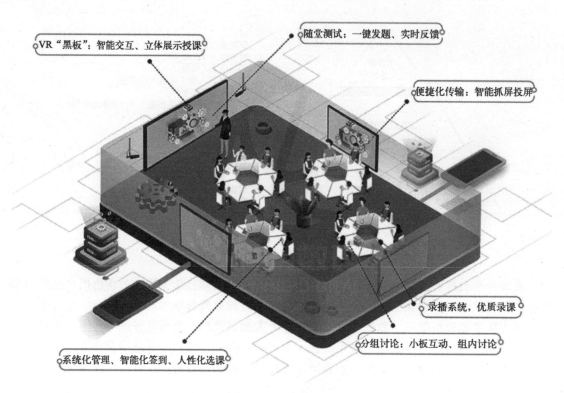

VR"黑板"：智能交互、立体展示授课

随堂测试：一键发题、实时反馈

便捷化传输：智能抓屏投屏

系统化管理、智能化签到、人性化选课

分组讨论：小板互动、组内讨论

录播系统，优质录课

图 4.4　VR 智慧教室

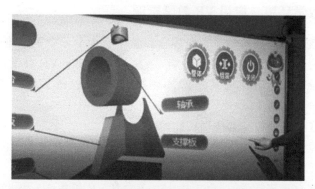

图 4.5　教师利用 VR 黑板进行授课

图 4.6　3D 影院模式

智能签到：课堂上，学生通过手机端课堂无线局域网登录平台，验证签到。

课堂管理：教师可在课前建立课程，填写课程信息。学生登录后可以加入当前课程。

课堂测验：随时讲随时测，教师可在课上向学生发送题目（选择题，填空题），学生回答完毕后，教师可立即了解学生对知识点对掌握情况。每次课堂提问的结果都会保存到文件中，方便课后教师对自己的教学效果进行分析研究。

小组讨论：教师在教师端可以将学生分组，并给小组分配 82 英寸 VR 黑板。小组学生可以使用小组 VR 黑板进行组内讨论，教师可以实时查看 VR 黑板内容，以掌握学生的讨论情况。

师生互动：教师可以小组 VR 黑板投屏到课堂 150 英寸 VR 黑板上，对小组的讨论成果进行点评。

一键录播：配置录课摄像头，生成 VR 慕课视频，可用于学生课下自学。

② VR 合堂教室（大班教学）：由 1 块 3D 投影屏幕（3.5m×2m）、1 块 VR 黑板（82英寸）、联动控制系统、智慧教室管理系统和录播系统等组成。触控一体机和金属硬幕并排安装，联动显示。教师在 VR 黑板上对 VR 资源的交互操作、黑板板书同步展示在 3D 投影屏幕上，学生戴 VR/MR 眼镜即可沉浸式观看 3D 教学资源展示，如图 4.7 所示。学生在课堂上也可以通过手机借助 3D 版教材和教师讲课内容进行知识点的同步学习。VR 教学资源在投影幕上支持普通/立体一键切换，立体状态下，学生佩戴偏振眼镜呈现 3D 显示效果。系统使教学更有沉浸感，激发学生的兴趣，同时巨大的投影幕也会将内容更清晰地展示出来，解决了普通教室在后排无法看清楚屏幕的问题，使教学更加具有沉浸感，解决了普通教学上空间的局限性，使整个教室与师生融为一体。

图 4.7　VR 合堂教室

（2）为了学生更好地自主学习，建设 VR 学习走廊

走廊是学校重要的交通空间，同时也是学生交流、沟通和互动学习的非正式学习空间，是一个潜在的课堂。为了更好地支持个性化学习和多样化教学方式的开展，对于放置于公共区域（如走廊、广场、大厅等）的教学模型展柜、教具、文化墙、沙盘模型等静态学习资源，通过建设 VR 教学资源将其学习内容放置在教学云平台上，并在静态学习资源旁边粘贴链接教学云平台上 VR 教学资源的二维码，学生扫码即可获得与实物模型对应的 VR 资源，实现随扫随学，形成开放的自学空间（VR 学习走廊），最大范围地让学生参与科教活动和探索学习认知等，通过三维可视化、可互动操作的 VR 资源，以学生们的好奇心、求知欲为切入点，让学生们近距离地了解专业知识、感受科学内涵，达到启迪学生们探索科学的目的，对课程教学形成有效补充。

　　为了更好地建设 VR 教学资源，通过对学生进行培训，发动大二、大三学生参与开发教学实物模型的 VR 孪生教学资源（如图 4.8）。目前已建成机械制图学习走廊、机械设计学习走廊、机械原理学习走廊、机械制造基础学习走廊等。学生既可以直观观看展柜展示的教学模型，也可以通过扫描展柜上的二维码，进入虚拟教学资源平台，观看与模型对应的孪生仿真模型，还可以互动与交流。

图 4.8　学生进行 VR 资源开发交流

　　学生可以利用课余时间到 VR 学习走廊随时进行学习，"身临其境"的 VR 资源让知识触手可及。这种新颖的学习方式会提高学生兴趣，提高学习主动性和积极性，促进学生对机械原理、机械设计、机械制造基础等课程的知识点的理解，形成对这些课程的有效补充。VR 学习走廊甚至会成为"网红打卡地"，如图 4.9 所示。

　　（3）利用各种智能终端，进行 VR 教育资源应用

图 4.9　VR 学习走廊

　　智能终端设备包括普通计算机、手机、PAD、VR 黑板、触控一体机、VR 头盔等（图 4.10），登录教学云平台，链接 VR 教学资源，即可使用。

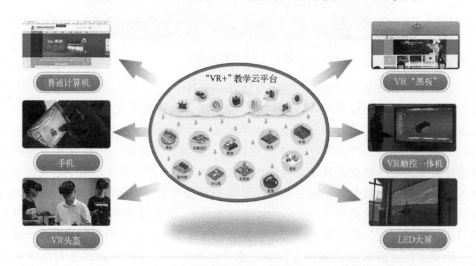

图 4.10　基于"VR 教学云平台"的多终端、多场所应用

通过 3D 沉浸式虚拟体验，将内部结构、微观运动、宏观现象、抽象知识可视化，强化课堂教学、演练、实训的融合，提高学生学习兴趣、专注度和记忆力，让教学"活过来"，让学习"身临其境"，如图 4.11 所示。

图 4.11　沉浸体验式学习环境

4.2.5　VR 教学资源开发与应用

VR 教学资源是"VR＋教学"模式实施的重要载体。VR 教学资源的开发和应用对实施"VR＋教学"模式起到非常重要的支撑作用。

（1）VR 教学资源开发

针对机械工程专业课程，组织相关专家组成顾问和指导团队，共同研讨确定各类 VR 教学资源大纲，完成各类各级资源的教学设计，包括每一门课程的虚拟仿真教学知识点、教学形式、学习形式、练习形式、考评模块等的确定，形成资源建设方案。

按照建设方案，实施素材制作和软件开发，并进行资源整合，把模型导入 VR 教学资源开发平台中，完成合并模型，添加动画、声音、图片，以及人机交互、通信等的编程。每个资源均按照策划、脚本设计、建模、动画、特效、交互、集成等步骤进行开发与建设。通过严格的人员分工、人性化的脚本设计、精准的数据描述、科学的工作规范等，保证资源的优质、准确、科学、合理。最后输出单独的标准 Windows 可执行文件（.exe 文件）系统，或发布能够在线浏览的网络版形式。教学云平台是分发 VR 教学资源的平台，要设计实现相应的网站，支持网络版 VR 资源的访问与在线运行，以及其他版本的资源下载运行。

针对机械工程专业的教学全过程的需要，按照课程特点，根据课程教学内容提取知识要点，开发不同类型的 VR 教学资源（清单见附录），这些资源可以任意旋转、缩放、互动拆装，工作原理以三维动画形式展示。主要包括：VR 课堂教学资源、VR 实验教学资源、VR 实习教学资源、VR 实训教学资源、VR 孪生资源（实验仪器、实训设备、教学模型）、3D 版教材、VR 黑板等。

① VR 课堂教学资源。针对诸多复杂，晦涩的理论知识，如工作原理、内部结构、机构运动、装配拆卸等，教师讲授难、学生理解难、师生交流难的问题。根据机械工程专业人才培养目标及课程教学大纲要求，建设颗粒化课堂 VR 教学资源，实现教学内容由 2D 到 3D 的转化、静态到动态的转化，使机械产品的工作原理、内部结构、机构运动、装配拆卸等知识呈现立体感，以三维可视化、交互操作的形式进行传达。课堂资源支持 VR 黑板、电脑、

手机等多种终端的应用。下面以"液压与气压传动"课程为例进行资源开发说明，如表 4.1 所示，教学资源示例见图 4.12。

表 4.1 "液压与气压传动"课程颗粒化 VR 教学资源开发要求和内容

名称	开发要求和内容
"液压与气压传动"课程颗粒化 VR 教学资源	一、开发要求 1. 根据课程教学大纲要求，筛选知识要点，基于 VR 技术，将主要知识要点附加到三维模型之上，采用三维动画、三维模型、三维交互、二维互动等多种形式，系统化构建了颗粒化的 VR 教学资源包，实现了知识内容的三维可视化。界面友好，交互操作方便。 2. 资源支持普通 PC、多点触控屏、VR 黑板使用，支持多点触控操作、普通/立体显示一键切换功能，立体状态下，佩戴 3D 眼镜可以看到悬浮于空中的立体效果，教师可以通过空中鼠标进行互动操作。 3. 支持 PPT 链接 VR 教学资源，PPT 中可随时触发 VR 资源，可进行触摸互动操作，包括模型交互、动画交互等。 4. 模型展示：三维模型可以通过触摸操作自由旋转、缩放、平移观察。 5. 知识热点：模型之上添加感应热点、单击等触发方式弹出图文介绍等。 6. 三维动作：模型动态播放拆装、工作原理等过程，同时可以通过触摸任意旋转缩放观察模型等，自由控制播放进度。 7. 三维动画：形象化展示工作原理、运动过程等，可自由控制播放进度。 8. 平面互动：二维画面动态展示运动过程。 9. 二维、三维结合展示知识要点。 二、软件内容 1. 简单机床的液压传动系统：视频动画； 2. 简单机床的液压传动系统（用职能符号表示）：视频动画； 3. 液体的黏性：视频动画； 4. 雷诺实验装置：视频动画； 5. 薄壁小孔的液流：视频动画； 6. 容积式泵的工作原理：视频动画； 7. 外啮合齿轮泵结构：3D 模型展示＋拆分＋零件展示＋零件名称标注； 8. 外啮合齿轮泵工作原理：视频动画； 9. 齿轮泵困油现象：视频动画； 10. 齿轮泵间隙泄漏：视频动画； 11. 内啮合渐开线齿轮泵工作原理示意图：视频动画； 12. 内啮合摆线齿轮泵工作原理：视频动画； 13. 单作用叶片泵工作原理示意图：视频动画； 14. 单作用叶片泵的转子和配流盘结构示意图：3D 模型展示； 15. 双作用叶片泵结构简图：3D 模型展示＋拆分＋零件展示＋零件名称标注； 16. 双作用叶片泵的工作原理：视频动画； 17. 字母叶片与阶梯叶片：3D 模型展示＋零件展示＋零件名称标注； 18. 外反馈限压式变量叶片泵：视频动画； 19. 外反馈限压式变量叶片泵：3D 模型展示＋拆分＋零件展示＋零件名称标注； 20. 径向柱塞泵工作原理图：视频动画； 21. 斜盘式轴向柱塞泵工作原理图：视频动画； 22. 手动变量轴向柱塞泵结构简图：3D 模型展示＋拆分＋零件展示＋零件名称标注； 23. 滑靴静压支承原理：3D 模型展示＋剖面展示＋零件展示＋零件名称标注； 24. 压力补偿变量机构：3D 模型展示＋拆分； 25. 液压缸的工作原理示意图：视频动画； 26. 差动连接缸：直接用快速运动回路视频动画； 27. 往复式柱塞缸：视频动画； 28. 摆动缸：视频动画； 29. 串联液压缸：视频动画； 30. 不连续动作型增压器：视频动画； 31. 增速缸的工作原理：视频动画； 32. 多级液压缸工作原理示意图：视频动画； 33. 双作用式伸缩缸：视频动画； 34. 齿轮齿条缸：视频动画；

续表

名称	开发要求和内容
"液压与气压传动" 课程颗粒化 VR 教学资源	35. 双作用单杆活塞液压缸的结构：3D 模型展示； 36. 普通直通式单向阀：3D 模型展示＋拆分＋零件展示＋零件名称标注； 37. 普通液控单向阀：3D 模型展示＋剖面展示＋零件展示＋零件名称标注； 38. 双向液压锁：3D 模型展示＋剖面展示＋零件展示＋零件名称标注； 39. 滑阀式换向阀工作原理图：视频动画； 40. 转阀式换向阀工作原理图：视频动画； 41. 二位三通机动换向阀工作原理图：视频动画； 42. 二位二通电磁换向阀：视频动画； 43. 三位四通电磁换向阀结构图：3D 模型展示＋拆分＋零件展示＋零件名称标注； 44. 三位四通液动换向阀：视频动画 45. 三位四通电液换向阀：3D 模型展示＋剖面展示＋零件展示＋零件名称标注； 46. 三位四通手动换向阀：3D 模型展示＋剖面展示＋零件展示＋零件名称标注； 47. 直动式低压溢流阀结构：3D 模型展示＋拆分＋零件展示＋零件名称标注； 48. 直动式低压溢流阀的工作原理图：视频动画； 49. 先导式溢流阀工作原理：视频动画； 50. 传统型先导式减压阀：3D 模型展示＋拆分＋零件展示＋零件名称标注； 51. 传统型先导式减压阀工作原理：视频动画； 52. 高压直动式顺序阀：3D 模型展示＋剖面展示＋零件展示＋零件名称标注； 53. 高压直动式顺序阀工作原理：视频动画； 54. 高压先导式顺序阀：3D 模型展示＋剖面展示＋零件展示＋零件名称标注； 55. 薄膜式压力继电器：3D 模型展示＋拆分； 56. 薄膜式压力继电器工作原理：视频动画； 57. 普通节流阀：3D 模型展示＋拆分＋零件展示＋零件名称标注； 58. 普通节流阀工作原理：视频动画； 59. 单向节流阀：3D 模型展示＋拆分＋零件展示＋零件名称标注； 60. 单向节流阀工作原理：视频动画； 61. 调速阀：视频动画； 62. 管接头：展示 7 个管接头外形； 63. 弹簧式蓄能器：3D 模型展示＋剖面展示＋零件展示＋零件名称标注； 64. 单级调压回路：视频动画； 65. 远程调压回路：视频动画； 66. 二级调压回路：视频动画； 67. 减压回路：视频动画； 68. 利用换向阀的卸荷回路：视频动画； 69. 采用二位二通阀的卸荷回路：视频动画； 70. 采用先导式溢流阀和二位二通阀的卸荷回路：视频动画； 71. 采用先导式溢流阀和蓄能器的保压卸荷回路：视频动画； 72. 采用增压器的增压回路：视频动画； 73. 采用单向顺序阀的平衡回路：视频动画； 74. 采用液控单向顺序阀的平衡回路：视频动画； 75. 节流阀进油路节流调速回路：视频动画； 76. 节流阀回油路节流调速回路：视频动画； 77. 节流阀旁油路节流调速回路：视频动画； 78. 调速阀进油路调速回路：视频动画； 79. 变量泵-液压缸式开式容积调速回路：视频动画； 80. 差动连接的快速运动回路：视频动画； 81. 双泵供油的快速运动回路：视频动画； 82. 使用蓄能器的快速运动回路：视频动画； 83. 采用行程阀的速度换接回路：视频动画； 84. 采用两个调速阀的速度换接回路：视频动画； 85. 采用单向顺序阀的顺序动作回路：视频动画； 86. 采用电磁换向阀的顺序动作回路：视频动画； 87. 带补偿装置的串联液压缸回路：视频动画； 88. 调速阀控制的回路：视频动画； 89. YT4543 型动力滑台液压系统图：视频动画；

续表

名称	开发要求和内容
"液压与气压传动"课程颗粒化 VR 教学资源	90. 盘式热分散机的液压原理图：视频动画； 91. 车床液压仿形刀架的工作原理：视频动画； 92. 单边滑阀的工作原理：视频动画； 93. 双边滑阀的工作原理：视频动画； 94. 四边滑阀的工作原理：视频动画； 95. 射流管阀的工作原理：视频动画； 96. 喷嘴挡板阀的工作原理：视频动画； 97. 电液伺服阀的结构原理：视频动画； 98. 机械手手臂伸缩电液伺服系统原理图：视频动画； 99. 机液位置控制伺服系统：视频动画； 100. Q16 型汽车起重机液压系统伸缩臂原理图：视频动画； 101. 插装阀结构原理图：视频动画

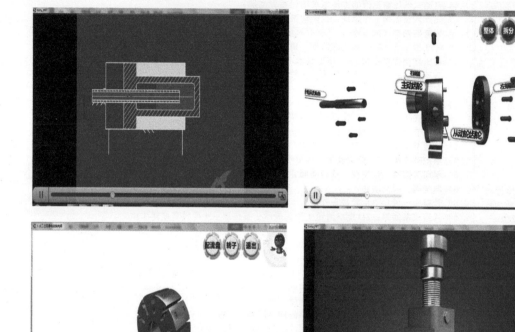

图 4.12 "液压与气压传动"课程部分颗粒化 VR 教学资源

② VR 实验教学资源。针对传统实验教学中存在的不具备实验项目条件或实际运行困难，涉及高危或极端环境，高成本，高消耗，操作不可逆，大型综合训练难以开展等问题，按照"先虚后实、以虚助实、虚实结合"的原则，建设实验教学资源。实验教学资源支持 VR 黑板、电脑、手机、数据手套、3D 头盔等多种终端形式。实验教学资源主要包括专业基础实验和专业实验。下面以车床三箱拆装实验虚拟仿真教学系统为例进行说明，表 4.2 为车床三箱拆装实验虚拟仿真教学系统的开发要求和内容，图 4.13 列了部分软件功能。

表4.2　车床三箱拆装实验虚拟仿真教学系统开发要求和内容

名称	开发要求和内容
车床三箱拆装实验虚拟仿真教学系统	一、目的 　通过本虚拟仿真实验的学习，让学生了解主轴箱、溜板箱、进给箱的拆装过程。提高学生工程设计能力、工程实践能力和创新能力。 　二、虚拟实验环境 　采用VR技术，开发与真实实验高度相似的实验室及主要设备环境，要求真实、逼真还原实验设备，包括：CA6140普通车床、典型实验操作、实验过程与现象动态仿真等。实验系统重点突出交互性、趣味性，并通过逼真的实验现象与结果反馈，克服在本科教学过程中难以仅通过语言形象描述的问题。 　三、实验内容 　（一）主轴箱拆装实验 　1.主轴箱Ⅰ轴（一轴）拆装实验： 　拆卸实验过程：根据语音文字提示，从工具箱中选择内六角扳手→点击取下主轴端盖→点击取下车床挂轮箱防护罩门→从工具箱中选择一字螺丝刀→点击取下带轮防护罩→点击取下带轮→从工具箱中选择内六角扳手，拆卸内六角螺钉→从工具箱中选择冲头和锤子，拆Ⅰ轴的螺母→从工具箱中选择拔销器，拔出轴承座和带轮→从工具箱中选择内六角扳手，取出螺钉→从工具箱中选择拔销器，拔出轴承座，继续取出结合子→从工具箱中选择冲头和锤子，取下支点销和摇杆→取下平键→从工具箱中选择卡簧钳，拆Ⅰ轴右端卡簧→从工具箱中选择铜棒和锤子，依次取下轴承、轴承挡圈和齿轮→取下另一端隔套和正转齿轮→从工具箱中选择十字螺丝刀，取下一组摩擦片定位板，取下摩擦片→拆下另一组摩擦片定位板，取下摩擦片→从工具箱中选择一字螺丝刀，拆至连接销孔露出→从工具箱中选择冲头和锤子，冲出连接销→取出拉杆→取下调整螺母、弹簧定位销、滑套，拆卸结束。 　装配实验过程：学生从工作台中依次选择相应零件，从工具栏中选择相对应的设备，系统以三维动画的形式自动模拟安装状态。主要安装顺序为：滑套、拉杆、连接销、左右摩擦片、正转摩擦片、定位板、正转防松垫片、螺钉、反转摩擦片、定位板、反转防松垫片、螺钉、反转齿轮组件、反转两轴承挡圈、轴承、卡簧、摇杆、支点销、平键、正转齿轮组件、正转两轴承挡圈、结合子、右端轴承、内六角螺钉、带轮、螺母、传动带、带轮防护罩、挂轮箱防护罩门、主轴端盖、螺钉。 　2.主轴拆装实验： 　拆卸实验过程：根据语音文字提示，从工具箱中依次选择内六角扳手、锤子、铜棒，卸下锁紧盘、主轴箱左端盖板、右端盖轴承盖螺钉、盖板及前轴承盖、锥形密封套→从工具箱中选择卡簧钳，将两个轴用弹性挡圈移出挡圈槽→从工具箱中选择锤子、硬枕木，依次取出推力球轴承、轴用弹性挡圈、小齿轮、轴承、滑移齿轮、轴用弹性挡圈、大齿轮、隔套、主轴连同右端轴承组件→拆卸右端轴承组件，拆卸结束。 　装配实验过程：学生从工作台中依次选择相应零件，从工具栏中选择相对应的设备，系统以三维动画的形式自动模拟安装状态。主要安装顺序为：主轴右端轴承组件、轴用弹性挡圈、盖板、锥形密封套、前轴承盖、主轴锁紧盘。 　（二）溜板箱拆装实验 　拆卸实验过程：根据语音文字提示，从工具箱中选择锤子、冲头，敲出丝杠、圆锥销→从工具箱中选择拔销器，取出定位销→从工具箱中选择内六角扳手，拧下紧固螺钉→取下后支架→取下丝杠→取下光杠→从工具栏中选择一字螺丝刀，拧松操纵杆左端手柄、紧固螺钉→取下操纵杆→从工具栏中选择十字螺丝刀，拆下大拖板上电动机开关→从工具栏中选择叉车、硬枕木，支承设备→从工具栏中选择拔销器，取出大拖板和定位销→从工具栏中选择内六角扳手，拧出紧固螺钉→拆下快速电机的电线→从工具栏中选择一字螺丝刀，拆下开合螺母限位螺钉→取下塞铁→取下开合螺母→从工具栏中选择一字螺丝刀，取下手轮紧固螺钉与垫片、手轮→从工具栏中选择内六角扳手，取下紧固螺钉，取下刻度盘座与刻度盘→从工具栏中选择锤子、冲头，取下圆锥销→从工具栏中选择锤子、铜棒，取出半圆键、齿轮轴、齿轮，拆卸完成。 　装配实验过程：学生从工作台中依次选择相应零件，从工具栏中选择相对应的设备，系统以三维动画的形式自动模拟安装状态。主要安装顺序为：齿轮轴、大齿轮、半圆键、小齿轮、圆锥销、刻度座组合件、螺钉、手轮、垫片、开合螺母、塞铁、上限位螺钉、主电机开关、操纵杆、左端定位圈、左端操纵手柄、右端定位圈的紧定螺钉、丝杠、圆锥销、光杠、圆锥销、后支架、定位销、紧固螺钉。 　（三）进给箱拆装实验 　拆卸实验过程：根据语音文字提示，拧松惰轮轴→取下开口垫片→拆下惰轮→拧松螺钉→取下开口垫片→取下挂轮→拧出固紧螺母，拆下挂轮支承板，取下惰轮轴和螺母→从工具箱中选择拔销器，取出定位销→从工具箱中选择内六角扳手，取下螺钉→移出进给箱→拆除前盖→拆除后盖，拆卸结束。

名称	开发要求和内容
车床三箱拆装实验虚拟仿真教学系统	装配实验过程：学生从工作台中依次选择相应零件，从工具栏中选择相对应的设备，系统以三维动画的形式自动模拟安装状态。主要安装顺序为：后盖、前盖、螺钉、定位销、支承板、挂轮、开口垫片、挂轮轴螺钉、惰轮、惰轮轴

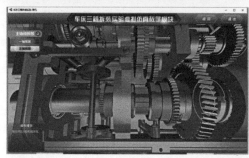

图 4.13　车床三箱拆装实验虚拟仿真教学系统

③ VR 实习教学资源。针对金工实习和生产实习等实践教学环节存在现场设备运行有潜在危险性、学生人数多影响生产、实习费用高等问题，根据金工实习的教学要求，建设 VR 实习教学资源。根据生产实习的教学要求，建立先进生产线的 VR 教学系统，供学生练习操作，完成实习教学。

金工实习课程是研究机械零件常用材料加工方法的一门以实际操作训练为主的实践课程。通过本课程的学习，要求学生掌握车工、钳工、铸工、铣工、刨工、磨工、焊工、锻工和数控机床的基本操作技能，能正确调整和使用车工、钳工、焊工的一般设备、常用附件和刀具、工量具、卡量具。根据零件图和工艺文件，对简单零件具有初步选择加工、制造方法和工艺过程分析的能力；车削、钳工操作应能独立完成简单零件加工制造。熟悉毛坯或零件的其他常用加工制造方法及其所用主要设备的工作原理，以及工量具、卡量具的使用和安全操作技术。了解先进制造技术（数控车、数控铣和加工中心），并进行基本技能的操作训练。通过实习获得初步的工程实践经验和初步的工程思维的训练，为学习其他有关课程和将来从事生产技术工作奠定必要的基础。

④ VR 实训教学资源。针对工程训练中的实训教学需求，系统规划了虚拟仿真实训教学软件资源。以学校工程实训中心为原型，建立高度仿真的三维虚拟实训中心，学生在虚拟环境中，可以学习知识要点（安全注意事项、工作原理、内部结构等），也可以对设备进行模拟操作，进行相应的训练项目。分工种独立虚拟仿真实训教学模块主要包括：钳工、铸造、手工电弧焊、气焊、热处理、车削、铣削、磨削、滚齿机、数控车削、电火花线切割、塑料成型、快速成型、立式加工中心、激光加工、精密测量等。下面以铸造虚拟仿真实训教学系

统（功能要求和内容见表 4.3，图 4.14 为其部分软件功能）、车削加工实训虚拟仿真教学系统（功能要求和内容见表 4.4，图 4.15 为其部分软件功能）为例进行说明。

表 4.3　铸造虚拟仿真实训教学系统功能要求和内容

名称	功能要求和内容
铸造虚拟仿真实训教学系统	一、功能要求 1.根据金工实习中铸造模块的教学要求设计开发，构建一个铸造实训虚拟环境，学生可以根据提示信息进行铸造虚拟实训操作，掌握铸造常用的设备及铸造的工艺过程。 2.三维环境及模型技术要求： (1) 主要设备模型：冲天炉、造型机、混砂机、造型工具等设备。 (2) 模型要和真实设备按照 1∶1 比例制作，使用材质贴图及 Shader（着色器）技术。 (3) 圆角物体，将硬边转为软边。 (4) 单个模型面数限制为 60000 三角面，保守计算为 20000 四边面。 (5) 一个模型对应一个材质球。不允许用黑色，凡是关于黑色的材质统一颜色 RGB（红绿蓝）为 50×50×50。 (6) 同空间内物体按材质类型进行合并贴图及模型，不应跨空间合并。 (7) 透明贴图不能和非透明贴图共用于一个模型材质。 3.热点提示：在设备上方显示名称标签。 4.漫游行走：学生可以在三维虚拟空间内漫游行走，支持 360°自由漫游，前进、后退、左行、右行、上升、下降、视角自由控制，可多角度观察试验设备及零件。 5.交互操作：基于虚拟环境、虚拟设备、虚拟材料等要素，通过鼠标、键盘等操作要素，进行模拟铸造实训过程。采用三维互动、三维漫游、三维动画及平面元素等构建虚拟仿真实训教学内容，系统具有碰撞检测功能。 6.过程提示：提示栏显示实训步骤及注意事项。 7.现象模拟：实训过程中现象变化。 二、基本知识 1.铸造概念：文字提示及语音讲解。 2.目的和要求：文字提示及语音讲解。 3.安全技术要求：三维动画展示。 4.砂型铸造工艺工程：三维动作演示过程，同时学生可以在三维场景中自由漫游，多角度观察。包括准备工作、造下型、造上型、起模与修整、手工造型、合型、充填型砂（为砂箱的一半）、舂砂锤舂砂、充填型砂（填满）、舂砂锤舂砂、刮砂板刮除多余的型砂。 5.浇注系统与冒口：基于浇注系统三维模型展示，模型附加结构名称标识，鼠标单击标识，对应结构高亮显示，同时有语音讲解及文字提示板展示。包括通气孔、型芯、型腔、浇口杯、直浇道、横浇道、内浇道。 6.常用设备工具：以三维模型、三维动画等形式展示铸造设备和浇注系统，设备认知模块中主要设备三维模型，可以任意旋转、缩放观察。基于三维模型制作三维动画展示其使用要点等。 (1) 冲天炉：三维模型可以任意旋转、缩放观察，并语音播报该设备的介绍。 冲天炉是一种竖式圆筒形熔炼炉，冲天炉工作原理：采用三维动作展示冲天炉熔炼金属的过程。冲天炉利用热对流原理，使炉内在熔炼时焦炭燃烧的火焰和热炉气自下而上运动，冷炉料自下而上移动，在物料下降、气流上升的相互逆向流动过程中进行热交换，并发生着冶金反应，最终将炉料熔炼成温度和成分都合格的铁水。 (2) 造型机：三维模型可以任意旋转、缩放观察，并语音播报该设备的介绍。 (3) 混砂机：三维模型可以任意旋转、缩放观察，并语音播报该设备的介绍。 (4) 造型工具：工具架上陈列常用造型工具模型，单击取出模型，可以任意旋转观察，提示栏显示文字介绍。鼠标放置到工具陈列架上的模型上，该模型高亮显示，同时有语音讲解及文字提示板展示，单击该模型可独立展示，任意旋转缩放观察。包括压勺、刮板、皮老虎、排笔、掸笔、镘刀、舂砂锤、筛子等。 (5) 浇注系统模块：分为浇注系统介绍、冷铁介绍、补铁介绍，浇注系统介绍以三维模型的形式展示了浇注系统的各部分的结构，并语音播报介绍，以三维动画的形式展示冷铁介绍和补铁介绍。 三、基本操作 基于铸造车间三维虚拟环境，演示基本造型方法。造型步骤按照顺序排列，首先文字提示及语音解说当前步骤内容，然后系统通过三维模型动态演示该步操作，学生单击下一步按钮，系统进入下一步步骤教学。演示过程中，学生在三维场景中可以自由漫游观察。用户可以充分学习造型过程、知识内容、操作要点。

续表

名称	功能要求和内容
铸造虚拟仿真 实训教学系统	1.整模造型：准备工作、造下型、造上型、起模与修模、合型。 2.分模造型：准备工作、造下型、造上型、起模与修模、手工造型、合型。 3.挖砂造型：准备工作、造下型、造上型、起模与修模、合型。 4.活块造型：准备工作、造下型、造上型、起模与修模、合型。 四、知识拓展 1.特种铸造方法： (1)金属型铸造：平面动画展示。 (2)熔模铸造：平面动画展示。 (3)压力铸造：平面动画展示。 (4)离心铸造：三维模型动态演示，包括卧式离心铸造、立式离心铸造。 2.铸件质量检验： (1)铸件质量检验方法：文字及语音讲解。 (2)铸件缺陷分析：基于三维模型进行展示，同时配以语音讲解、文字介绍。包括气孔、缩孔、砂眼、渣孔、冷隔、浇不足。 五、仿真实训 　　基于铸造车间实训工位三维环境，根据语音要求，学生可以自由行走观察，根据手轮铸造生产流程，采用三维交互的形式，选择工具、工件等，选择操作位置，通过系统三维人物角色完成操作设备、模拟每一步工序，进行铸件的模拟生产实训。主要流程包括：查看零件图纸、制造模样、制备型砂、造型、合箱、熔炼金属、浇筑、落砂和清理、检验等。通过三维直观的表现形式、知识内容的分步讲解、操作要点互动参与，保证学生能够学到铸造生产知识与操作技能。 六、综合考核 　　设置铸造操作步骤的考核和自测题考核：判断题20道。 七、支持普通PC、多点触控屏、VR黑板运行使用 　　VR黑板具有普通/立体一键切换功能，立体状态下，模型重影显示，学生佩戴VR眼镜可以看到铸造过程的3D效果

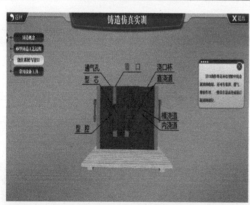
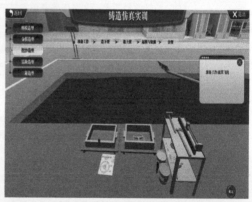
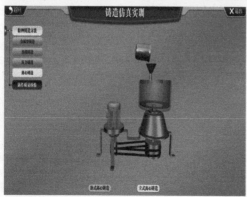

图 4.14　铸造虚拟仿真教学系统

表 4.4　车削虚拟仿真教学系统功能要求和内容

名称	功能要求及内容
车削虚拟仿真教学系统	一、功能要求 1.根据金工实习中车削模块的教学要求设计开发，构建一个三维虚拟环境，学生可根据提示信息进行操作，满足学生车削知识学习及实训项目练习需求。 2.建立车削实训的虚拟环境，主要包括工训中心的环境、车床及相关附件等。 3.三维环境及模型技术要求： （1）主要设备模型：CA6140 车床、车刀、三爪卡盘等设备。 （2）模型要和真实设备按照 1：1 比例制作，使用材质贴图及 Shader 技术。 （3）圆角物体，将硬边转为软边。 （4）单个模型面数限制为 60000 三角面，保守计算为 20000 四边面。 （5）一个模型对应一个材质球。不允许用黑色，凡是关于黑色的材质统一颜色 RGB 值为 $50 \times 50 \times 50$。 （6）同空间内物体按材质类型进行合并贴图及模型，不应跨空间合并。 （7）透明贴图不能和非透明贴图共用于一个模型材质。 4.热点提示：在设备上方显示名称标签。 5.漫游行走：学生可以在三维实验室漫游行走，支持 360°自由漫游，前进、后退、左行、右行、上升、下降、视角自由控制，可多角度观察车床及加工过程。 6.交互实训：模拟车削加工过程，学生通过鼠标、键盘等操作实训要素，进行模拟实训。 7.实验提示：提示栏显示实验步骤及注意事项。 8.现象及数据模拟：实验过程中现象变化及数据变化。 二、软件内容 根据车削加工实训教学任务及要求，开发车削加工实训虚拟仿真教学系统，包括课程思政、基本知识、扩展知识、仿真实训、综合考核五个模块，可满足车削知识学习及实训项目练习需求。 软件须支持普通 PC、多点触控屏、VR 黑板使用，VR 黑板须支持多点触控操作、普通/立体显示一键切换功能，立体状态下，模型重影显示，学生佩戴 VR 眼镜可以看到车床及相关附件悬浮于空中的模型立体效果，教师可以通过空中鼠标进行互动操作。 1.课程思政：主要内容包括中国机床发展史、传统车削与数控车削优缺点，采用文字及语音讲解。 2.基本知识： （1）安全须知：三维动画展示。 （2）加工范围：图文展示，伴有语音讲解，16 种加工类型图片，图片支持放大展示。 3.加工特点：文字介绍，伴有语音解说。 4.车床认知： （1）命名规则：图片展示。 （2）种类介绍：卧式车床、立式车床、仿形车床、专门化车床，采用图文展示。 （3）结构认知：车床三维模型展示，支持旋转、缩放、平移，主要结构具有热点，点击结构高亮并弹出文字介绍及语音解说。下方有结构名称标签，单击也可自动触发结构热点功能。主要结构包括：中溜板、小溜板、光杠、丝杠、刀架、尾座架、床身、床腿、变速箱、进给箱、主轴箱、溜板箱、大溜板。 5.发展趋势：文字介绍，伴有语音解说。 6.常用工具： （1）车刀： ① 车刀树展示：一个工件模型配上 9 种加工状态的车刀进行展示，模型可以任意旋转、缩放观察，鼠标放置车刀上，显示车刀名称。 ② 车刀的种类：单击车刀数模型上任一把车刀，独立显示该车刀三维模型，包括切断刀、左偏刀、右偏刀、弯头车刀、直头车刀、成形车刀、宽刃精车刀、外螺纹车刀、内螺纹车刀、端面车刀、内槽车刀、通孔车刀、盲孔车刀，采用模型展示，伴有文字及语音讲解。 ③ 车刀的材料：文字展示，伴有语音讲解。 ④ 车刀的结构：基于车刀模型及结构热点展示。单击结构名称，车刀相应结构高亮显示，系统文字介绍及语音讲解结构知识。包括夹持部分、切削部分（刀尖、副切削刃、主切削刃、副后切削刃、副后刀面、主后刀面、前刀面）。 ⑤ 车刀辅助平面：三维动画展示。 ⑥ 车刀的角度：三维动画展示。 ⑦ 车刀的刃磨：人物角色动作展示。

名称	功能要求及内容
车削虚拟仿真教学系统	（2）量具： ① 常用量具：包括外卡钳、内卡钳、游标卡尺、外径千分尺、内径千分尺、百分表。结构展示：量具模型展示，伴有语音解说；使用方法：三维模型动态演示使用方法。 ② 螺纹量具：量具三维模型展示。 三、扩展知识 1.车床传动系统： （1）传动系统： ① 主动传动系统。基于车床三维模型进行演示，主轴箱及进给箱的外壳透明处理，可以看到内部的结构及运动。通过单击正反转手柄启动车床、单击变速手柄调整速度，观察主轴箱传动过程。 ② 溜板箱传动系统。基于车床三维模型进行演示，单击急停按钮取消急停，点击高亮大手轮转动大溜板，点击高亮中手轮转动中溜板，点击高亮小手轮转动小溜板，点击高亮刀架进行旋转。 （2）动力传动：基于透明的主轴箱三维模型，以三维互动的形式展示车床的主运动传递路线，通过互动操作把手、拨叉等，演示 36 级传递路线（正转 24 级、反转 12 级）并计算转速。 （3）常用变速机构介绍：三维动画展示。 2.车床切削运动： （1）切削运动： ① 主运动：三维模型动作加三维小动画。 ② 进给运动：三维模型动作加三维小动画。 （2）切削要素： ① 切削层参数：三维小动画。 ② 切削面：三维小动画。 ③ 切削用量：三维小动画。 （3）三个表面：三维小动画。 3.车削加工：车削加工的 10 种典型应用，通过动画展示不同车刀加工的现象。包括：车端面、车外圆、车台阶、切槽、切断、车圆锥、孔加工、车螺纹、车成形面、滚花。 4.附件：包括三爪卡盘、中心架、跟刀架、四爪卡盘、花盘、顶尖、芯轴，以三维模型展示，伴有语音介绍。 四、仿真实训 1.基本操作： （1）车刀安装：三维模型动态演示安装操作过程，学生调整角度自由观察，同时语音讲解及文字板提示。 （2）工件安装： ① 中心架夹装工件。基于三维模型动态演示过程，学生可以任意角度观察，同时语音解说及文字提示。 ② 跟刀架夹装工件。三维模型动态演示安装过程，伴有语音解说。 ③ 三爪卡盘装夹工件。三维模型动态演示安装过程，伴有语音解说。 （3）中心钻装卸：三维模型动态演示安装、拆卸过程，伴有语音解说。 （4）顶尖装卸：三维模型动态演示安装、拆卸过程，伴有语音解说。 2.台阶轴加工： 工序图展示加工过程，以表格形式展示。 3.典型零件加工： （1）图样分析：传动轴图样。 （2）确定加工步骤：表格展示。 （3）演示：三维模型动作完整展示加工过程。 （4）加工实训： 在虚拟车间中，模拟人物角色自由行走观察，根据加工生产任务（零件图），按照车削加工流程，采用三维交互的形式，选择工具、工件等，操作设备、模拟每一步工序，进行工件加工生产、测量。 ① 选择 45° 外圆车刀，点击刀架，安装车刀。 ② 选择 75° 外圆车刀，点击刀架，安装车刀。 ③ 选择切断车刀，点击刀架，安装切断刀。 ④ 选择螺纹车刀，点击刀架，安装螺纹刀。 ⑤ 点击手轮，将刀架移动到合适位置开始对刀。

续表

名称	功能要求及内容
车削虚拟仿真教学系统	⑥ 将刀具接近工件一端，车削工件的端面。 ⑦ 点击尾座，在工件一端加工中心孔。 ⑧ 点击开关，换刀车削台阶轴。 ⑨ 点击工件，将工件取出安装，加工另一端。切断多余的工件，将端面车削平整。 ⑩ 点击尾座，对工件钻中心孔，研修中心孔，车外圆。 ⑪ 点击工件，将工件用夹头和尾座顶尖辅助，安装在车床上 ⑫ 点击开关，车削台阶面加工余量、退刀槽以及倒角。 ⑬ 点击工件，掉头安装，加工工件另一端，车削掉余量，车退刀槽以及倒角。 ⑭ 点击刀具，将螺纹车刀移至加工位置。开动开关，合上开合螺母，第一次走刀车削螺纹，至终点时快速停车，退刀。 ⑮ 点击开关，反转车床，车刀原路返回后停车，手轮调整进给量，再正转车床，第二次走刀车削螺纹后停车退刀。 ⑯ 点击尾座，卸下工件，用工具测量各轴段是否符合要求。 　4.拉力棒加工实训： 　在虚拟车间中，可以自由行走观察，根据加工生产任务（零件图），按照车削加工流程，采用三维交互的形式，选择工具、工件等，操作设备，模拟每一步工序，进行工件加工生产、测量。 　(1) 图样分析：拉力棒图样。 　(2) 确定加工步骤：表格展示。 　(3) 演示：三维模型动作完整展示加工过程。 　(4) 加工实训： ① 安装工件毛坯。 ② 车床通电。 ③ 使用右偏刀加工工艺台。 ④ 重新安装工件。 ⑤ 使用右偏刀车削中心孔面。 ⑥ 使用中心钻钻取中心孔。 ⑦ 更换顶尖。 ⑧ 工件顶紧。 ⑨ 换至尖刀车削毛坯。 ⑩ 对刀。 ⑪ 切换至自动走刀形式。 ⑫ 分段切削三次，每次进给量为3mm。 ⑬ 测量工件剩余尺寸，计算切削量。 ⑭ 再次加工，切削工件直径至16mm。 ⑮ 使用尖刀按照图纸进行画线。 ⑯ 分段切削，切削量依次为1.5mm、1.0mm。 ⑰ 测量工件剩余尺寸，计算切削量。 ⑱ 再次切削，加工工件直径至10mm。 ⑲ 车倒角。 ⑳ 换成形刀车削两端平滑圆弧。 ㉑ 车削圆弧面。 ㉒ 重新安装工件。 ㉓ 换切断刀进行切断。 ㉔ 切断多余部分。 ㉕ 换右偏刀。 ㉖ 车端面。 ㉗ 换尖刀。 ㉘ 倒角。 ㉙ 拆卸工件。 ㉚ 关闭车床。 　五、综合考核 　1.试题考核：10道选择题。 　2.图样分析：8个图样，点击可放大展示。 　3.典型零件加工考核： 　(1) 图样分析：传动轴图样。

名称	功能要求及内容
车削虚拟仿真教学系统	(2) 确定加工步骤：表格展示。 (3) 演示：三维模型动作完整展示加工过程。 (4) 加工实训：本项目属于考核模块，取消提示信息，交互操作进行加工实训

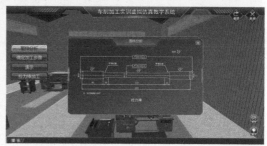

图 4.15　车削加工实训虚拟仿真教学系统

　　生产实习和金工实习的侧重是不一样的。生产实习主要是熟悉各种生产类型机械产品的制造工艺过程及其所用技术文件。对典型零件的机械加工过程进行深入学习，深入了解有关工具、夹具、辅具的结构和工作特点，了解先进制造技术，了解生产过程中质量检查，量具量仪的使用和维护以及生产过程中的质量保证体系和全面质量管理。了解工厂、车间的生产组织和技术管理，以及有关生产安全的防护措施。

　　建立高度仿真的三维虚拟加工车间，使学生在虚拟环境中，可以学习安全生产注意事项、设备工作原理、内部结构等，可以对设备进行模拟加工操作，进行相应的训练项目。学生可以模拟典型零件在系列工位上的加工生产流程，也可以对单独的设备进行模拟实训，实现点线结合，全面练习。下面以典型零件机械综合加工虚拟仿真实训系统（表 4.5，图 4.16）为例进行开发说明。

表 4.5　典型零件机械综合加工虚拟仿真实训系统（轴类、套类、箱体类）功能要求及内容

名称	功能要求及内容
典型零件机械综合加工虚拟仿真实训系统（轴类、套类、箱体类）	一、功能要求 1. 根据生产实习或综合实验周的教学要求，创建三维虚拟加工环境，包括加工实训设备，所有设备按照工艺特点进行布置学生可以自由行走观察，了解主要设备、布局环境，进行加工实训等。加工车间分为机加工区、热加工区两部分。 (1) 机加工区：普通车床、卧室铣床、牛头刨床、万能外圆磨床、普通卧轴矩台平面磨床、钳工操作台、摇臂钻床、电火花线切割机床、数控加工中心、立式数控铣床、数控车床等。 (2) 热加工区：锻造区、焊接区、铸造区、热处理区等。

续表

名称	功能要求及内容
典型零件机械综合加工虚拟仿真实训系统（轴类、套类、箱体类）	2.三维环境及模型技术要求： （1）主要设备模型：普通车床、卧室铣床、牛头刨床、万能外圆磨床、普通卧轴矩台平面磨床、钳工操作台、摇臂钻床、电火花线切割机床、数控加工中心、立式数控铣床、数控车床及其附件等设备。 （2）模型要和真实设备按照 1∶1 比例制作，使用材质贴图及 Shader 技术。 （3）圆角物体，将硬边转为软边。 （4）单个模型面数限制为 60000 三角面，保守计算为 20000 四边面。 （5）一个模型对应一个材质球。不允许用黑色，凡是关于黑色的材质统一颜色 RGB 值为 50×50×50。 （6）同空间内物体按材质类型进行合并贴图及模型，不应跨空间合并。 （7）透明贴图不能和非透明贴图共用于一个模型材质。 3.热点提示：在设备上方显示名称标签。 4.漫游行走：学生可以在三维实验室自由漫游行走，支持 360°自由漫游，前进、后退、左行、右行、上升、下降、视角自由控制，可多角度观察加工设备及加工过程。 5.交互实训：模拟机械加工过程，学生通过鼠标、键盘等操作实训要素，进行模拟实训。 6.现象及数据模拟：实训过程中现象变化及数据变化。 二、软件内容 学生在三维虚拟加工车间，基于虚拟加工设备、工具、材料、设施等，学生可以互动体验加工过程，观察加工现象，学习工艺步骤、工序知识。 1.齿轮轴加工仿真： （1）查看零件图样，选择加工工序：查看"齿轮轴"零件图样，根据工艺特点，单击各工序按钮，形成加工工序流程。 （2）选择材料：单击选择 45 钢。 （3）下料：单击切割机切割坯料。 （4）锻造：①将坯料放入加热炉；②将工件取出，放到空气锤上锻造；③自由锻造拔长工件。 （5）热处理正火：对工件进行正火处理。 （6）粗机加工：①将工件安装到车床上；②对工件粗车外圆；③将工件安装到插齿机上；④插齿加工。 （7）花键热处理：①将工件安放到淬火机床上；②对工件高频淬火；③对工件进行回火处理。 （8）铣花键：①将工件安装到立式铣床上；②铣花键。 （9）齿面热加工：①将工件安放到淬火机床上；②对工件进行回火处理。 （10）半精加工：①将工件安装到车床上；②半精加工。 （11）热处理调质：①将工件放到加热炉中加热；②将工件拿出放到水池中淬火处理；③将工件从水池中拿出，进行回火处理。 （12）磨削：①将工件安放到外圆磨床上；②对工件进行磨削加工。 2.齿轮加工仿真： （1）查看零件图样，选择加工工序：单击"齿轮"标签查看图样，根据工艺特点，单击各工序按钮，形成加工工序流程。 （2）选材：单击选择 45 钢。 （3）下料：单击切割机切割坯料。 （4）锻造：①对坯料进行加热；②从加热炉中拿出工件；③用空气锤镦粗坯料；④漏盘镦粗；⑤冲孔；⑥冲头扩孔。 （5）热处理（正火）。 （6）车削加工（粗）：①工件安装到车床上粗车外圆；②切槽；③内孔粗加工（车内孔）。 （7）钻孔：①将工件安装到摇臂钻床上；②钻孔。 （8）热处理调质：对工件进行调质热处理。 （9）半精加工：①取出工件并将其安装到车床上；②半精加工；③换刀；④半精车外圆；⑤换刀；⑥车锥面。 （10）齿加工：①将工件安装到插齿机上；②插齿加工。 （11）齿面热处理：①将工件安放到淬火机床上；②齿面局部淬火；③回火。 （12）磨削加工：①将工件安放到平面磨床上；②平面磨床磨两面；③将工件安放到内圆磨床上；④内圆磨床磨内圆。 （13）通过量具进行测量。 3.箱体零件加工仿真：本实训项目要展示出溜板箱零件从毛坯至成品的机械加工工艺过程所经历的各个工序的加工状态。包括各个工序中夹具的选择，零件在夹具中的定位、装夹过程，对刀

续表

名称	功能要求及内容
典型零件机械综合加工虚拟仿真实训系统（轴类、套类、箱体类）	过程以及对功能表面的加工过程。 　　本实训加工使用的虚拟机床设备及配套设施主要包括：立式铣床、卧式铣床、钻床、镗床、磨床。 　　学生可以通过鼠标键盘操作在加工车间自由漫游观察，从工具箱中选择刀具、夹具、工具等，操作机床，完成相应加工任务。主要工序包括：粗铣底平面，粗、精铣上平面，精铣底平面，钻孔，粗、精铣前端面，粗、精铣左右端面，粗、精铣 A、C 两孔所在面，粗、精铣燕尾槽等

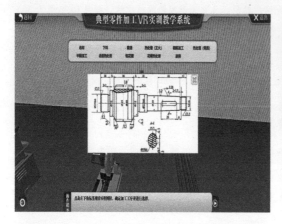

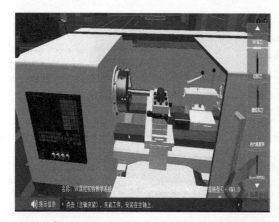

图 4.16　典型零件加工虚拟仿真实训系统

　　⑤ VR 孪生资源（实验仪器、实训设备、教学模型）。VR 孪生资源是利用 VR 技术构建与真实教学模型、实验仪器、实训设备配合使用的 VR 教学系统。其基于先进行业企业的新技术、新工艺、生产环境和生产设备，建设与实际应用场景对接的 VR 孪生实训环境，增强教学与行业企业实践的吻合度。目前，已通过 VR 技术开发了 VR 孪生教学模型、VR 孪生实验仪器、VR 孪生实训设备等教学系统，以实现先虚后实、虚实结合、以虚助实的实践教学设计。

　　下面以智能制造产线 VR 孪生虚拟仿真实验教学平台为例进行说明。VR 孪生虚拟仿真教学系统根据实际智能制造产线进行开发，主要包括设备认知、（计算机辅助设计/计算机辅助制造 CAD/CAM）、产品全生命周期管理（PLM）、企业资源规划（ERP）、制造执行系统（MES）、仓库管理系统（WMS）、仓储控制系统（WCS）、生产线流程、自测考核等模块，涵盖了产品设计、经营管理、生产制造、车间物流等核心功能教学模块，其功能要求和内容如表 4.6 所示，孪生虚拟仿真实验教学平台部分功能如图 4.17 所示。

表 4.6　智能制造产线 VR 孪生虚拟仿真实验教学平台功能要求和内容

名称	功能要求和内容
智能制造产线 VR 孪生虚拟仿真实验教学平台	一、功能要求 　1.智能制造产线 VR 孪生虚拟仿真实验教学平台是面向现场教学、线上教学等多种用途研发的综合性虚拟仿真项目。 　2.平台开发任务：以学校真实智能制造教学产线为原型，设计实验教学功能，开发虚拟仿真实验教学系统，具有基本知识、操作、考核等多种功能。 　3.虚拟仿真资源适配多种教学环境设备：含 82 英寸 VR 触控教学设备、普通 PC、多点触控屏、VR 黑板、VR 合堂教室、VR 智慧教室、VR 教学云平台、多通道立体环幕等，满足现场 VR 教学及线上仿真教学需求。 　二、软件内容 　1.采用 VR 技术，开发 VR 孪生虚拟仿真实验教学系统。 　2.平台建模与现有的智能制造线设备按照 1:1 比例完成，高度仿真。平台教学及实验功能与实体设备及教学设计相符。 　3.虚拟系统：包括工业机器人、机器人地轨、装配平台、仓库、超声波清洗机、手爪装置、MES、加工中心及附属设施。 　4.系统功能：包括系统介绍、设备认知、CAD、制造执行系统（MES）、生产流程演示、生产流程实训、自测考核。 　5.系统介绍：采用图文、动画形式介绍系统功能及应用。 　6.设备认知：全面系统介绍产线设备，采用模型、热点、图文、动画等形式进行互动展示。 　7.CAD：采用图文、视频、模型等形式创意展示待加工件的设计及分析。 　8.制造执行系统（MES）：采用图文、视频、模型、动画等形式创意展示制造执行系统（MES）的功能及运行过程。 　9.生产流程演示：采用三维场景、三维模型、动画展示完整产线运行过程。 　10.生产流程实训：以真实生产任务为例，基于三维场景，用户可以进行交互实验训练，系统通过考核弹窗、操作记录等形式进行评分。 　11.自测考核：客观题考核并评分。 　12.三维环境及模型技术要求： 　(1) 模型要和真实设备按照 1:1 比例制作，使用材质贴图及 Shader 技术。 　(2) 圆角物体，将硬边转为软边。 　(3) 单个模型面数限制为 60000 三角面，保守计算为 20000 四边面。 　(4) 一个模型对应一个材质球。不允许用黑色，凡是关于黑色的材质统一颜色 RGB 值为 50×50×50。 　(5) 同空间内物体按材质类型进行合并贴图及模型，不应跨空间合并。 　(6) 透明贴图不能和非透明贴图共用于一个模型材质。 　13.热点提示：在设备或者结构上方显示名称标签。 　14.交互实验：虚拟实验基于虚拟环境、虚拟仪器、虚拟材料等要素，模拟实验项目，可以通过鼠标、键盘进行模拟实验。采用三维互动、三维漫游、三维动画及平面元素等多种构建虚拟仿真实验教学内容。 　15.漫游：用户通过鼠标、键盘操作，可以在虚拟实验室内自由漫游观察。 　16.实验提示：提示栏显示实验步骤及注意事项。 　17.配套 82 英寸 VR 触控教学设备： 　(1) 双系统（Windows、Android）； 　(2) HDMI 2.0 接口，支持 4K@60Hz 输入； 　(3) 偏光式 3D 液晶显示面板，物理分辨率：3840 像素×2160 像素； 　(4) 支持 H.264、VP9、H.265 等全 4K 格式硬解码； 　(5) 带有飞鼠功能； 　(6) 有触摸感应功能，在使用触摸时，自动降低亮度； 　(7) 左右两侧触摸快捷键菜单，可进行信号源切换、亮度调节、声音控制、菜单设置以及返回界面； 　(8) 多功能一体化设计，集电脑、电视、电子白板、功放音响、VR 大屏于一体，支持 VR 资源立体显示； 　(9) 有百叶窗后壳；

名称	功能要求和内容
智能制造产线 VR 孪生虚拟仿真实验教学平台	（10）玻璃防眩光； （11）2D/3D 一键切换功能； （12）屏亮度：450cd/m² （中心点）； （13）对比度：1200∶1； （14）触摸方式：10 点触控，支持 4 人以上同时书写； （15）外观尺寸：对角线 82 英寸； （16）画面比例：为 16∶9； （17）手指、笔、手套等不透光的物体均可书写； （18）配套 40 副偏振式 3D 眼镜； （19）支持 VR 立体展示，师生佩戴偏振式 VR 眼镜，直观体验 3D 视频及 VR 软件。 18. 系统版本适配要求：资源放置在 VR 教学云平台上，支持云渲染，通过浏览器可以直接运行资源（不需下载插件，非 WebGL 等网页版资源，即开即用）。资源适配学校现有 VR 教学终端设备，包括 82 英寸 VR 触控教学设备、普通 PC、多点触控屏、134 英寸 VR 黑板、VR 合堂教室、VR 智慧教室、多通道立体环幕。教师可以通过空中光标（飞鼠）进行遥控操作。 （1）82 英寸 VR 触控教学设备版：支持多点触控，支持被动立体显示，支持普通/立体一键切换，立体状态下模型重影显示，佩戴偏振眼镜可以看到 VR 立体效果。 （2）VR 黑板版：支持多点触控操作、普通/立体显示一键切换功能，立体状态下，用户佩戴主动立体眼镜可以看到 VR 立体效果。 （3）VR 合堂教室版（主副屏联动偏振立体系统）：VR 合堂教室由电子投影白板与偏振立体投影大幕联动构成，资源支持电子投影白板触控交互操作，画面实时显示在立体投影大幕上，学生佩戴偏振眼镜可以看到 VR 立体效果。 三、软件内容 本软件包含设备认知、CAD、产品全生命周期管理（PLM）、企业资源规划（ERP）、制造执行系统（MES）、仓库管理系统（WMS）、仓储控制系统（WCS）、生产线流程、自测考核等部分。 1. 设备认知：点击设备认知模块，可选择物料智能仓储、机器人运输机构、超声波清洗机、智能装配平台、数控加工中心五个模块进行学习。可旋转、缩放，多角度观察设备，内容以三维互动展示、三维动画及文字的形式来展示。 2. CAD 设计： （1）CAD 简介：主要包括 CAD 概念和 UG NX 的基本介绍，以文字形式来介绍。 （2）电机轴的 UG NX 建模：包含任务说明和 UG NX 建模，其中任务说明以文字形式来介绍，UG NX 建模以视频形式展示建模的介绍及全过程。 3. 产品全生命周期管理（PLM）： （1）基础原理：主要包含基本介绍和基本功能，以文字形式来介绍。 （2）应用实例：主要包含任务说明、任务流程、角色分配；其中任务说明、任务流程以文字形式来介绍，角色分配主要从项目经理、设计工程师、工艺工程师三个角色来介绍；项目经理主要介绍组建团队、审批升级请求（设计）、审批升级请求（工艺）、导出至 ERP 和 MES，设计工程师主要介绍服务器登录、检入设计图纸、提交升级请求，工艺工程师主要介绍生成 MBOM（制造BOM，即制造物料清单）、编辑机加工计划、提交升级请求。 4. 企业资源规划（ERP）： （1）基础原理：主要包含 ERP 的定义和 ERP 的背景要求，以文字形式来介绍。 （2）应用实例：主要包含任务说明、销售管理、生产管理、采购管理四个模块。任务说明以文字形式介绍，生产管理和采购管理通过人机交互的形式进行，通过提示信息，按步骤进行相对应操作，可操作销售管理、生产管理和采购管理全过程。 5. 制造执行系统（MES）： （1）文字介绍 MES 简介和任务说明。 （2）应用实例：视频介绍 MES 应用操作全过程。 6. 仓库管理系统（WMS）： （1）文字介绍功能概述。 （2）应用实例：主要包含任务说明、单据管理及任务查询、组盘上架、空托盘入库四个模块。任务说明以文字形式来介绍，单据管理及任务查询以视频的形式介绍操作过程，组盘上架、空托盘入库通过人机交互的形式，根据提示信息，点击对应的设备，进行实训操作。 7. 仓储控制系统（WCS）： （1）文字介绍功能概述。 （2）应用实例：主要包含任务说明、联机运行、脱机运行三个模块。任务说明以文字形式来介绍，联机运行、脱机运行以视频的形式介绍操作过程。

续表

名称	功能要求和内容
智能制造产线 VR 孪生虚拟仿真实验教学平台	8.生产线流程：主要包含原料采购入库、生产加工、成品销售出库三部分。 原料采购入库包含任务说明、原料采购入库流程两部分。任务说明以文字形式介绍，原料采购入库流程通过人机交互的形式进行，通过提示信息，按步骤进行相对应操作，操作完成后可以观看原料采购入库的整体流程。 生产加工包含任务说明、生产加工流程两部分。任务说明以文字形式介绍，生产加工流程通过人机交互的形式进行，通过提示信息，按步骤进行相对应操作，操作完成后可以观看生产加工的整体流程

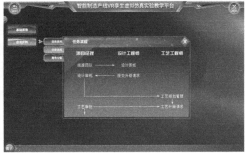

图 4.17　智能制造产线 VR 孪生虚拟仿真实验教学平台部分功能

⑥ 3D 版教材。针对传统纸质教材存在内容更新慢、互动性较差的问题，通过 VR/AR 技术与纸质教材的深度融合，以纸质教材为基础，将每个 VR 知识点生成二维码，插入教材中，将 VR 教学云平台上 VR 教学资源和纸质教材上知识点对应的二维码关联起来，学生通过手机扫描二维码，三维资源即显示在手机上，学生可以触摸操作，旋转、缩放结构模型，观看工作原理及操作过程。3D 版教材应用如图 4.18 所示。

图 4.18　3D 版教材应用

⑦ VR 黑板。VR 黑板具有 3D 投影、触控操作、自由板书等功能，教师使用超链接了 VR 教学资源的 PPT 课件讲课，在 VR 黑板上可通过手指、笔或其他任何非透明物体进行任意板书。具有的功能如下：

a. 文件操作：在软件界面下，可实现图片、视频、Office 文件的放大、缩小、拖曳；无须点击任何按钮或快捷键，可以打开多个图片、视频、Office 文件。

b. PPT 应用：与 PPT 软件无缝结合，在 PPT 播放过程中，保留 PPT 的声音动画、动作，直接通过手触控即可实现对 PPT 的放大、缩小、翻页、标注及擦除、屏幕录制，可以直接播放 PPT 中链接的文件。

c. Word 应用：与 Word 软件无缝结合，在 Word 操作中，保留 Word 的输入，直接通过手触控即可实现对 Word 文件的放大、缩小、翻页、标注及擦除、屏幕录制。

d. PPT+VR 资源授课功能：PPT 演示中，可随时触发 VR 资源，进行触摸互动操作，包括模型交互、动画交互等。随机配套齿轮泵触控操作文件，打开齿轮泵三维模型，可以触控操作进行旋转、缩放、自动拆分动作展示，可以控制拆分进度，同时随意调整视角、缩放观看。

e. 一键切换功能：VR 资源 2D/3D 具备一键切换功能。

f. 自由移动：工具条支持自由移动，黑板两侧均可调出。

g. PDF 应用：与 PDF 软件无缝结合，在 PDF 操作中，通过快捷键即可实现对 PDF 文件的放大、缩小、翻页、标注及擦除、屏幕录制。

h. 视频应用：与视频软件无缝结合，在视频操作中，通过快捷键即可实现对视频的放大、缩小、暂停、快进、标注及擦除、屏幕录制。

i. 笔功能：提供铅笔、荧光笔 2 种笔，并提供粗细、色彩等属性设置。

j. 笔擦功能：提供对象擦、全屏擦除。

k. 辅助工具：提供放大镜、屏幕录制、视频录制、聚光灯、遮幕、照相机等常用工具。

l. 页面功能：可提供黑板页，任意改变主题背景、颜色背景、页面背景页。

m. 透明页：实现书写与鼠标的无缝切换。同一页面既可操作电脑又可书写、批注。

n. 页面操作：支持对页面的整体漫游、漫游返回、整页清除、翻页等，其中漫游功能支持对书写页面的无限放大和移动。

o. 屏幕录制功能：屏幕录制可将操作过程及板书内容录制为视频并进行保存。

p. 插入对象：支持图片、文本、音频、视频的插入。

VR 黑板属于 VR 技术与电子白板投影结合的产物。VR 黑板融合了触控技术、深度立体技术和互动操作系统，使教师不使用传统的教学工具即可进行教学，实现日常教学活动中自由表达、定制化进行课堂教学。通过可视立体、体验式的教学，营造出良好的课堂沉浸感、临场感，让学生在 VR 技术营造的环境中完成知识的深度感知和获取。VR 黑板有 150 英寸和 82 英寸推拉式两种规格，如图 4.19 所示。

（2）VR 教学资源应用

VR 资源作为新兴的教学资源，以其独特的交互性、沉浸性和构想性提高了教学趣味性和教学效果。新形态的教学资源意味着新的教学方式，从而需要新的教法、新的课堂组织和新的学法。为了普及 VR 资源在教学中的应用，最大程度发挥 VR 资源在教学中的优势，对师资的培养成为推动 VR 教学资源应用的首要环节。师资培养分为教→学→练→用四个阶段

(a) 150英寸VR黑板 　　　　　　　　　　(b) 82英寸VR黑板

图 4.19　VR 黑板

(图 4.20)。四个阶段交叉循环进行，老教师带新教师，熟手带生手，使 VR 技术在教学中的应用蓬勃展开。

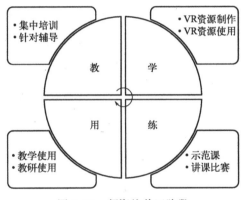

图 4.20　师资培养四阶段

① 阶段一——教。通过公开课、示范课的方式组织教师进行观摩学习，进行校内宣传、推广应用。借助国家级虚拟仿真实验教学中心平台和教育部教育信息化教学应用实践项目进行"VR＋教学"模式应用推广。2021 年 4 月，2020 年度教育信息化教学应用实践共同体项目论证会召开，研讨了基于 VR 教学云平台的全时空教学模式，40 余所院校参加会议。共同体成员单位达到共 42 个，其中，本科共同体成员单位 19 所，高职共同体成员单位 19 所，中职共同体成员单位 4 所。

通过在线会议进行了"VR＋教学"模式应用工作培训，详细讲解了基于 VR 教学云平台的"VR＋教学"模式应用、VR 教学资源开发规范和无编程快速开发平台使用等，涉及 VR 教学资源建设、新形态教材建设、师资培训、人才培养等内容。共同体成员单位也开展了虚拟仿真教学的相关培训，如图 4.21 所示。

② 阶段二——学。重点学习 VR 教学资源的制作和使用。为了更好地扩大 VR 教学资源应用覆盖面和快速扩容，在共同体成员单位范围内，通过线上集中培训，介绍 VR 教学资源的开发制作规范，具体内容包括：模型的构建、场景的搭建、动画的制作、知识点的表达方式等。在学习过程中，年轻教师表现出了对新事物的接受能力强、学习速度快、上手制作

图 4.21　虚拟仿真教学相关培训

熟练等优点，迅速成为了 VR 教学资源制作的主力军；老教师充分发挥了教学经验丰富、理解学生的学习习惯和特点的优势，结合 VR 教学资源的特性和使用方式，熟练地将 VR 教学资源融入理论、实验、实训课程中，如图 4.22 所示。

图 4.22　VR 教学资源的应用学习

③ 阶段三——练。为了在教学中熟练使用 VR 教学资源，在共同体成员单位开展示范课活动。各成员单位的新老教师互相听课，积极开展评课活动，相互取长补短，共同探索更好的 VR 教学方案。各共同体成员单位鼓励年轻教师使用带有 VR 教学资源的教学课件参加各级青年教师讲课比赛。通过比赛的方式，一方面精进青年教师的讲课技能，另一方面能够更加广泛地吸取更多专家教授的意见和建议。VR 教学资源为教学带来的变革也能够通过青年教师讲课比赛的方式传播出去，展现青年教师的创新性和先进性。

④ 阶段四——用。完善的 VR 教学资源被共同体成员单位广泛用于线上和线下的课堂教学、实验、实习、实训中，帮助学生更加直观地理解学习内容，实验实训虚实结合，以 VR 教学资源指导实际操作。共同体成员单位对虚拟仿真教学资源开发及平台建设进行持续资助，用于教育教学改革、应用型成果培育和实验室条件建设，以及实验室信息化改造、虚拟实验教学改革、虚拟实验项目建设和实验教学。

4.2.6　VR 教学资源开发的技术路线和开发工具

VR 教学资源开发的基本理念是通过真实还原客观教学的场景及教学过程，进而令学习者"身临其境"地学，以此到达教学目的。它与其他教学产品不同，能够实现情景式的教学模式。

4.2.6.1　系统的技术路线

为满足机械工程专业教学需求，实施"VR＋教学"模式，VR 教学资源开发的技术路线如图 4.23 所示。首先在 Photoshop 中进行系统界面的设计，考虑到视觉感受、仿真效果等多方面因素，设计系统界面、选择按钮及模块背景等 UI（用户界面）图片。根据实物尺寸，利用 SolidWorks 或 3ds Max 软件进行建模。将创建完成的模型导入 3ds Max 软件中进行减面优化，添加材质贴图。通过给每一个部件模型添加材质、添加灯光等渲染手段模拟还原真实场景，让使用者产生身临其境的感觉。在 Unity 3D 开发引擎或无编程 VR 快速开发平台中进行场景的搭建、模型调用展示、场景转换、模型功能展示等功能。最后进行相关的发布参数设置，选择要发布平台及版本类型，完成系统的发布。

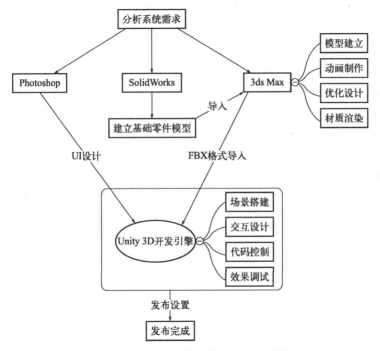

图 4.23　VR 教学资源的开发技术路线

4.2.6.2　VR 教学资源开发工具

（1）建模软件

建模软件主要有 SolidWorks、3D Studio Max（简称 3ds Max），如图 4.24 所示。按照图纸表达，借助 SolidWorks 和 3ds Max 建模软件进行 1∶1 建模设计。

① SolidWorks 软件。目前，机械工程专业常用的三维绘图软件主要有 AutoCAD、UG、Catia、Pro/E、CAXA、SolidWorks 等。SolidWorks 因界面友好且易于操作受到广泛欢迎，它的交互建模能力、对复杂实体进行编辑的能力以及特征参数化能力等非常强大，能够快速地进行结构细节以及概念设计。

② 3ds Max 软件。3ds Max 是目前应用广泛的三维建模软件之一。该软件功能非常丰富，能够提供强大的材质贴图系统、逼真的灯光渲染效果，以及关键帧动画制作组件等。

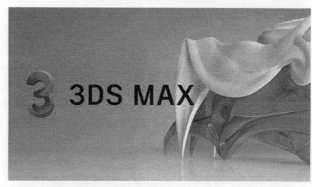

图 4.24　三维建模软件

3ds Max 导出的模型能适应大多 3D 引擎开发平台，因此，它也是目前市场上虚拟现实教学系统使用最多的建模软件。其相比其他建模软件拥有以下较大的优势：

a. 3ds Max 软件拥有强大的建模功能及软件兼容性。该软件支持多边形建模、线框建模、面片建模、NURBS（非均匀有理 B 样条）建模等建模方式，且角色制作的能力较为突出；同时，能够与其他绘图、建模软件之间相互兼容，如 AutoCAD、SolidWorks、Pro-E、Maya 等软件。

b. 3ds Max 的关键帧技术能够制作复杂的运动动画。

c. 3ds Max 采用了 Autodesk 公司经典软件操作界面，界面友好且富有人性化，保证用户能对软件快速上手。3ds Max 采用直观的模块化、参数化建模命令，用户能够直接使用这些命令对模型进行操作。同时，编辑堆栈功能的增加，进一步完善了软件的人性化设计，可返回上一步的历史操作。

d. 3ds Max 拥有强大的动画渲染功能，并支持第三方渲染器，骨骼特效 Bones Pro Max 插件、Mental Ray、V-Ray 等第三方高级渲染器的使用，弥补了软件自身渲染器能力的不足，可快速输出高色彩、高质量的动画。

③ SolidWorks 与 3ds Max 区别。SolidWorks 软件对机械结构进行三维建模的时候，需要对机械零件逐一进行三维设计，所有这些都要严格根据图纸要求和准确的数据，否则无法进行正常装配。同时也可以为每个零件设置相应的材质，比如铸铁、45 钢、Q235、高速钢、铝合金等。当所有零件的三维模型建立后，就可以进入装配过程。装配过程，需要根据机械设计和机械原理的知识来约束装配，如平面约束、角度约束、运动约束、传动约束等，且相应组装方法需要满足机械要求。SolidWorks 软件设计的机械设备已经体现了其结构、部件、参数、装配和约束等。大部分都可以通过变换进行有限元分析，如应力分析、流体分析、温度分析等。

3ds Max 则侧重于在三维动画方面的建模和渲染的功能实现。大部分是场景等不需要太精确的东西，只要比例匀称就行，更多的是外观和造型的展示。但是，SolidWorks 在对粒子系统和复杂动画进行制作时，不如 3ds Max 具有更加高的灵活性，且真实感效果远不如 3ds Max。3ds Max 可以将模型的逼真度达到极致，给人以强大的视觉效果。SolidWorks 三维设计主要着眼于其强大的建模能力、参数能力、绘图能力、制造加工能力、仿真能力等，渲染图纸不是它的强项，当然不同的软件也不一样。考虑到 3ds Max 软件自身三维建模能力的限制，常在复杂的建模中，先通过 SolidWorks 等机械领域专业软件完成建模后，再转入到 3ds Max 中进行后续的建模和优化处理。

（2）VR 教学资源开发平台

VR 教学资源的功能实现主要是在 3D 引擎开发平台中完成的，其中包括漫游设计、资源整合、编制代码、效果调试等。3D 开发引擎，能够结合开发工具完成场景编辑、脚本编辑、文件转换以及粒子编辑。最基本的功能主要包括：对序列化、目标的系统、数据与外部工具交互、场景协调整合以及底层三维相关数据的管护功能。

目前，常用的 3D 开发引擎主要有 VirTools、VR-Platform（VRP）、Unreal Engine（UE）4、Unity 3D（U3D）等。

VirTools 是一套具备丰富的互动行为模块的实时 3D 环境虚拟实境编辑软件，也是最早被人们用于虚拟现实资源开发的开发平台。利用它开发的虚拟仿真环境具有极强的沉浸感，向使用者传递诸如听觉、视觉、触觉等多感官信息，让使用者产生身临其境的感觉。但是网络连接能力、可编程能力不足，极大地限制了它的应用范围。

VRP 是由中视典数字科技有限公司独立开发的具有完全自主知识产权的三维虚拟现实平台软件。该软件适用性强、操作简单、功能强大，高度可视化，所见即所得，可广泛地应用于机械工程、城市规划、室内设计、环境艺术、产品设计、工业仿真、古迹复原、桥梁道路设计、军事模拟等领域，它的出现给正在发展的 VR 产业注入了新的活力。其特点是系统开发过程中无须复杂的程序内容参与，而是根据平台自己的理解方式迅速制作场景。因此，VRP 虽然缺乏个性化设计、专业化设计，但会缩短开发周期。

Unreal Engine4 采用了目前最新的 HDR（高动态范围）光照、即时光迹追踪、虚拟位移等技术，对实时画面的处理和优化具有很强的能力。大部分操作平台兼容性相对较强，能够实现图像的高像素展示。但是也存在缺点，例如对移动设备配置要求较高、需要进行编译且编译器相对难以使用、普通移动终端难以充分适应其渲染优势、C＋＋开发的开发逻辑和难度相对较高、上手困难等缺点。

Unity 3D（图 4.25）是由丹麦 Unity Technologies 公司开发的用于开发虚拟现实产品的 VR 引擎平台，支持 2D、3D 资源的开发，是一款可跨平台、编辑能力强、兼容性强、可视化的免费开发软件，广泛应用在游戏开发、工业仿真、教学资源开发、模拟器研发等领域。Unity 3D 为用户提供了丰富的 API（应用程序）接口，脚本编辑支持 Java、C＃、Boo 三种脚本语言。用户可直接通过应用商店下载程序插件，因此开发效率

图 4.25 Unity 3D 开发引擎

极高。基于上述各方面对比，采用 Unity 3D 开发平台进行开发设计，其具备以下优点[35]：

① 使用简单，层次逻辑明确，提供直观的图形化程序接口。对物体对象进行可视化编辑，建立父子关系，并且具有详细的属性信息预览。

② 资源导入方便，开发高效。支持 FBX 格式模型导入，导入资源时，可直接将其拖拽到 Unity 3D 中，并且保留着原始模型信息。同时，系统提供了 Mesh、Colors、粒子、骨骼动画等组件供用户使用。当系统运行时，可以实时修改数值、资源甚至是程序，实现高效开发。

③ 全备的效果调试功能。Unity 3D 提供 Light 系统，具有动态实时阴影、光羽和镜头特效等，可自动进行场景光线计算，获得逼真细腻的图像效果；渲染底层支持 DirectX 和

OpenGL；支持贴图技术；内置逼真的粒子系统等。

④ 物理反馈表达全面。内置使物体对象具备力学特性、速度特性；提供 NVIDIA PhysX 物理引擎，包含刚体和柔体、关节物理等组件。

⑤ 发布范围广。Unity 3D 软件支持当前主流系统平台的发布，包括 Windows 单机版、Web 版、安卓版、iOS、Mac 等版本。

4.2.7 VR 教学资源开发过程

4.2.7.1 建模及导入模型过程

（1）利用 SolidWorks 和 3ds Max 建模及优化

VR 教学资源主要通过 SolidWorks 和 3ds Max 建模软件进行模型构建。构建模型时，首先获取实物模型，如果模型要求精度比较高，则需要根据实物的二维图纸进行建模；如果模型精度要求比较低，仅作为展示用途，模型可以根据实物的现场照片或者视频信息进行构建。建模软件的选择关系，如图 4.26 所示。图片视频信息要全面，可以用来确定实物尺寸及在场地里的位置；视频内容要记录实物的静止状态，以及在运动过程中各机构的配合关系。三维建模流程主要包括 6 个部分，如图 4.27 所示。

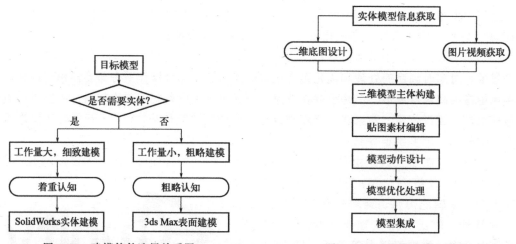

图 4.26　建模软件选择关系图　　　　图 4.27　三维模型建立流程

在建模中进行模型的优化对后期整个系统的流畅度和工作量具有很大的影响。模型的优化应该贯穿在模型建立的整个过程中[36]，基于模型制作的过程，模型的优化主要有两个方面：一是在 SolidWorks 中进行优化；二是在 3ds Max 中进行优化。

① SolidWorks 建模及优化。SolidWorks 可以通过拉伸操作、旋转引入、放样、扫描等方式快速建模[37]。其拥有灵活的草图绘制、智能尺寸、检查等功能，提高了建模的速度和尺寸的准确性。而模块化的建模属性有利于将复杂的机械结构部件/装配体划分成一个个的子级装配体，子级装配体又可分为若干子级零件，通过对每个子级零件的参数化特征建模后，借助强大且便捷的装配命令为每个零件之间添加几何约束关系，从而形成若干子级装配体，层层装配至最终机械部件。通过软件的 Toolbox 插件中的标准件库，能够迅速建立标准件三维模型，提高建模操作的效率[38]，例如齿轮、轴、螺栓和螺母、销和键等，可直接拿来再编辑装配，极大降低设计工作量。SolidWorks 软件建模主要步骤如图 4.28 所示。

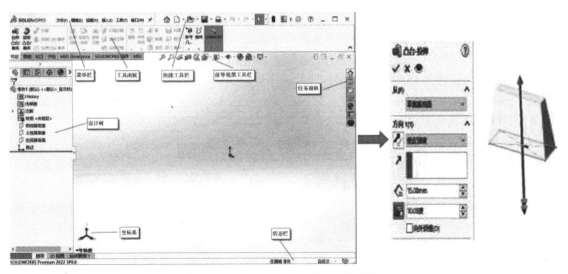

图 4.28　SolidWorks 建模主要步骤图

　　完成整个 SolidWorks 软件的建模过程后，保存为 STL 格式，具体操作过程为：点击工具栏中"文件"下"另存为"，完成"文件名"命名，选择"STL（＊.stl）"格式保存类型，进行选择输出为"所有实体"，保存操作过程如图 4.29 所示。等待下一步进行 3ds Max 的导入工作。

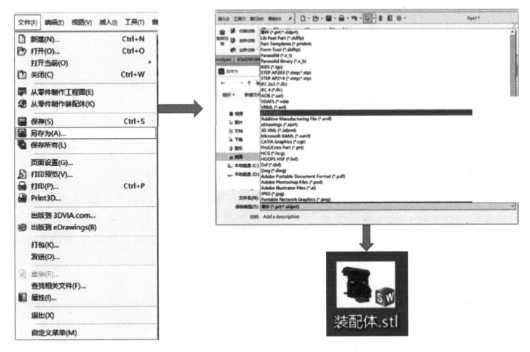

图 4.29　保存为.stl格式文件

　　在使用 SolidWorks 软件进行模型制作时，模型应尽量满足轻量化，主要有如下几种方法：

　　a.减少复杂的圆角特征使用。在建模过程中使用圆角特征之后再进行建模工作，能够使最终的具有圆角模型的尺寸比较小。

b. 对模型进行适当简化处理。对物体内部看不到的一些零件进行删除，减少模型的总数量，从而提高建模速度。对于一些不重要的特征进行简化或者删除，比如一些不规则的且不重要的物体，可用一些简单的圆柱、长方体来表示。

c. 在非必须建模的地方进行贴图操作。对于一些如镂空、纹理等特征的较为复杂的模型表面，如果应用拉伸和切除操作建立出来的模型会造成具有很大的特征面。同时占用系统资源太大，通过贴图的方式，可有效节省系统资源。

各零件建模完成后，下一步需要进行装配操作。需要注意以下几点：

a. 放置零件时，首先要放置机架或者中间核心装置，这样在后续装配中能尽量避免因中间零件装配不上而导致整个装配体重新装配。

b. 装配零件时应先选择插入一个零件，装配后再插入其他零件。这样可以简化绘图界面以防止大量零件堆积。零件与零件配合的过程中应遵循配合关系，而不是将零件固定在零件上导致其他的零件无法正常安装。

c. 在装配相同的零件时，可使用"随配合复制"功能，在选择配合面后，就可以做到快速大量装配相同的零件，能减少插入零件和再配合的时间。

② 3ds Max 的建模及优化[39]。3ds Max 软件具有通用性强、建模和渲染的能力强的特点，建模的主要过程和步骤如图 4.30 所示。

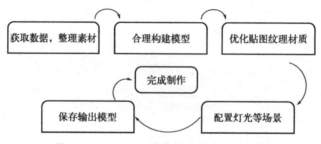

图 4.30　3ds Max 建模的主要过程和步骤

a. 数据的采集以及素材的整理：使模型外观、尺寸等数据经过扫描数字化导入计算机，再经过图像的严格配准后对其进行矢量化操作，同时把通过拍摄等方式取得的图片贴图等素材传入计算机，使用 Photoshop 对细节处理，供后期的贴图操作使用；

b. 合理构建目标模型：选用多边形建模的方式，能够描述表达细节。依据 AutoCAD 进行矢量跟踪的数字化，是三维模型制作中的常用方式，方法为将 CAD 格式的图导入，以方便拾取数据，底图就会在 3ds Max 中有透视线条组，利用尺寸轮廓，将平面图形绘制，把前视图（front view）、顶视图（top view）、透视图（perspective view）和左视图（left view）相关的图按照合适的比例进行拉伸，从而形成实体模型。

c. 贴图参数确定：该软件由于具有优秀的材质贴图功能，因此能够更加逼真地展示模型效果。前期通过 Photoshop 软件处理实现对贴图的颜色以及对比度等特征的强化后，可以使用纹理映射技术将材质的纹理等要素进行合理的设计调整，再对模型进行位图纹理的绘制和贴图坐标添加等操作。这会使建模变得更加真实生动。贴图参数设置如图 4.31 所示。

d. 合理设置背景灯光：灯光功能是对真实的照明效果进行模拟，也是在场景构建中的重要部分，灯光的效果有时在模型的精美程度和材质等方面的表现上具有决定性的影响。

e. 各种设置完成后，即可进行最后的成品输出。最终保存为模型完整且纹理贴图以及帧

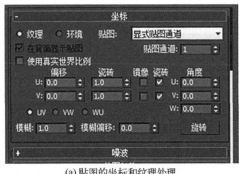
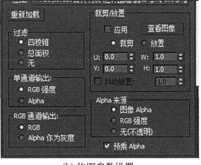

(a) 贴图的坐标和纹理处理   (b) 位图参数设置

图 4.31 贴图参数设置

动画设置完备的 ".fbx" 格式模型文件。

f. SolidWorks 与 3ds Max 间文件转换[39]：SolidWorks 能够导出的文件格式包括 STL、IGES、TXT、STEP 等。其中，导入 3ds Max 中效果更好的文件格式是 STL 和 IGES。STL 格式是一种轻量化的三维文件格式，适用于快速成型和切片软件，STL 格式可以保留模型的表面细节和基本结构，但可能无法保留复杂的装配关系和非几何信息。IGES 格式是一种更全面的三维文件格式，可以保留更多的设计和制造信息，但文件较大。单个零件导入 3ds Max 可以选择 STL 格式，而整个装配体导入需要保存为 IGES 格式。另外，也可以将 SolidWorks 模型导出为 STEP 格式，然后再导入 3ds Max 中，这样可以保留更多的设计和制造信息。

在 3ds Max 中进行模型优化[40] 方法如下。

a. 自我优化命令[41]。STL 文件是一种三角形网格信息文件，包含了许多三角形面，过多的三角形面数量极大地增加了 3ds Max 和 Unity 3D 的渲染工作量，同时，不利于表面的材质处理，因此需要对模型进行减面处理，删除模型中多余点线面、重叠面，以及不影响整体效果的内部面。

在 3ds Max 的视口中配置了三角形面和顶点数量统计及重叠面数量的显示，显示优化前的模型三角面数和顶点数信息，为其添加 Optimize 优化、MultiRes 优化（多分辨率优化）修改器，根据需要调整内部面板参数，可快速实现减面处理。例如，将立式钻床导入 3ds Max 后，显示此时多边形数为 59763，顶点数为 30816。在进行优化时，首先将模型选中为可编辑多边形状态，再删除多余面，然后在修改器列表中添加 "MultiRes" 命令简化模型面数，优化界面如图 4.32 所示。优化后的面数为 11259，顶点数为 8991。

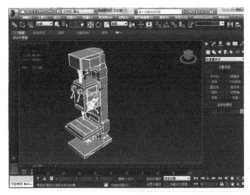

图 4.32 立式钻床面数和点数

b. 非重要零部件直接使用贴图材质处理[42]。在设备或装置中存在大量的螺栓、螺钉等模型曲面复杂且数量较多的零件。但该类零件的有无对实际使用是没有影响的，但为了突出设备或装置的真实性和结构的科学性，要体现出此类零件的存在，这时就可采用贴图的方式表示出来。以螺钉为例，先为其添加"UVW 展开"修改器，然后选择操作元素"边"或者"多边形"，选择零件视野可见的边或面编辑贴图，最后打开 UV 编辑器选择与零件尺寸范围相适配的 UV 区域。这极大减少了非必要模型的建立，降低了模型总数据量，如图 4.33所示。

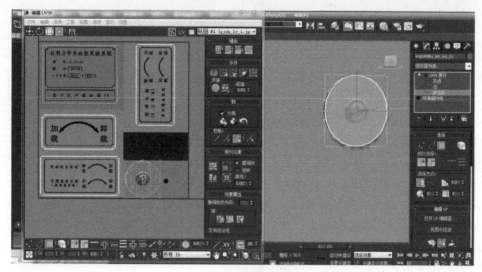

图 4.33　直接贴图处理

（2）模型导入 3ds Max 的实现[39]

将 SolidWorks 软件建完的模型批量导入到 3ds Max 软件中，有以下两种方式：

① 通过直接点击 3ds Max 软件中"导入"按钮进行操作。此方式是先在 SolidWorks 软件中将所有的零件都导出为 .stl 格式，然后在 3ds Max 软件中使用导入功能。随意选一个零件导入，再导入其他的文件，从而完成模型导入。导入的文件会默认保持原来的配合关系及位置，不需要进行再次装配。过程如图 4.34 所示。

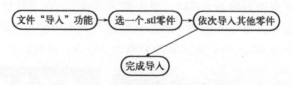

图 4.34　.stl 格式导入 3ds Max 软件

② 通过 3ds Max 软件中 MAXScript 命令进行脚本语言导入。该方式能够实现单次导入全部模型。这种编程方式下还有两种方式实现：一种是通过脚本语言把 .stl 格式的文件编程生成 .ms 格式的文件，批量导入目标模型，如图 4.35 所示；另一种是在 SolidWorks 软件中保存格式时，直接通过 ScanTo3D 插件，将模型保存为 .obj 格式，然后通过 3ds Max 软件的MAXScript 功能进行批量导入 .obj 文件，如图 4.36 所示。这两种方式都需要用到编程脚本语言。

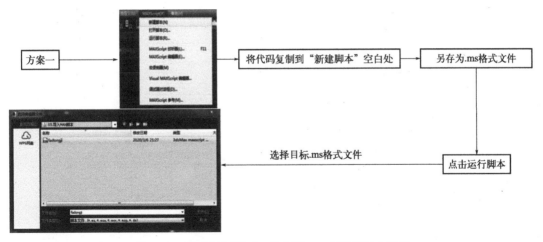

图 4.35　基于 MAXScript 命令下 .ms 文件的导入流程

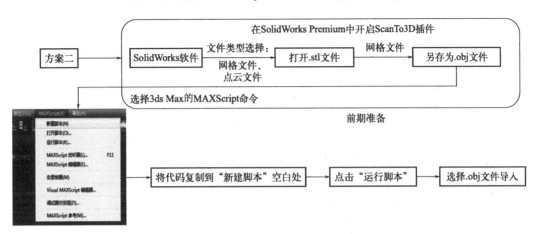

图 4.36　基于 MAXScript 命令下 .obj 文件的导入流程

4.2.7.2　其他相关操作及技巧

（1）贴图及渲染[39]

在建模工作完成后，再进行相关材质选择以及贴图操作。在 3ds Max 中贴图，顾名思义就是给目标模型的外围表面附加一层新的图样，又或者仅仅是换个色彩，使模型得以获取新材质，这个操作也可以通俗理解为换个新皮肤[43]。在给模型添加材质的过程中，需要注意的主要事项有：要选择合适的最为接近实际物体的图片，这样便会更加还原、真实；要正确地运用好模型的外观形状，确保材质图片更加贴切地覆盖到模型表面；同时还要注意外部灯光照明对材质的影响，要做到两者相得益彰。

贴图纹理一般有两种处理方式：一种是对所获得的处理好的图片进行直接贴图；另外一种是用 UV 映射的方式，把贴图的 U 和 V 坐标对应着模型表面上的 X 和 Y 坐标进行映射，从而进行贴图结合。第二种方式能够产生贴图接缝。因此要注意让接缝位置置于隐蔽位置以提高模型质量。

下面以镗床模型为例，介绍给镗床模型添加材质的基本过程。首先是镗床上基本物体的平面贴图。以变速手柄盘为例，首先打开 3ds Max 中的材质编辑器，选择一个新的材质球，将事先准备好的变速表盘图片拖拽到材质球上，如图 4.37 所示。然后点击需要添加材质的表盘模型，在材质编辑器界面中选"将材质指定给选定对象"并确认，即可为表盘赋予材质，如图 4.37、图 4.38 所示。

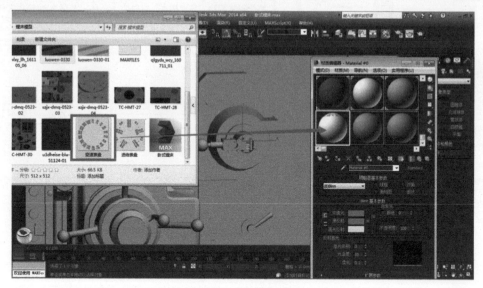

图 4.37　材质球的设置

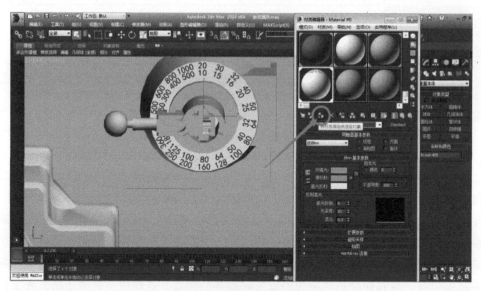

图 4.38　材质添加后的效果

　　由于镗床的整体形状比较复杂，一张贴图并不能做到完整准确的赋给，因此，需要将机身分为几个部分分别添加贴图，在 3ds Max 中可以采用 UVW 贴图实现，如图 4.39 所示。3ds Max 的.Fx 文件能够使设计具备更加灵活的发挥，使所设计和系统表达效果一致。使用高级渲染模式进行渲染，能够使创建出的模型具有高度的真实感，达到以假乱真的效果。图 4.39、图 4.40 所示为 UVW 贴图展开及镗床模型装配整体渲染效果图。

　　（2）动画及视频准备的制作

　　SolidWorks 可以将制作完成的动画渲染成影像文件，供使用者观看。具体操作有：选用 PhotoWorks 渲染器插件，选取贴图、光源、材质、背景等要素，整体渲染操作

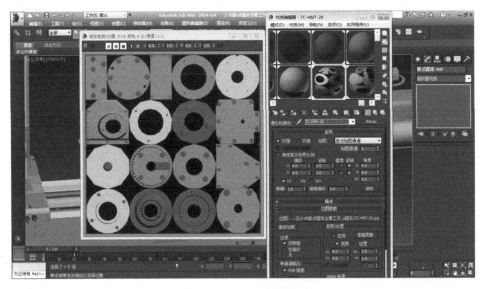

图 4.39 UVW 贴图展开

Animator 编辑的指定动画,还要进行维持高清晰度的相关图像的分辨率参数上的设置。选用文件菜单的"另存为"命令,因为.tag 格式跟视频编辑软件中的 After Effects 有相应的接口,因此视频的保存类型选用.tag 格式,然后把.tag 序列帧导入 After Effects,设置图层为基础,能够插入.aiff、.wav 格式等的音频软件,从而能够对特效亮度、文字声音、背景颜色等要素实现编辑。通过以上操作即可完成具有文字、图片和声音、影像功能的仿真展示视频。

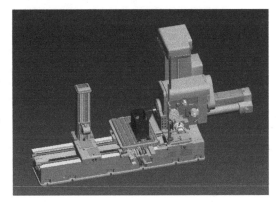

图 4.40 镗床模型最终效果

3ds Max 软件中具有关联动画、帧动画、镜头动画一类动画,还配有约束动画、粒子动画、角色动画以及修改器动画等功能,动画制作性能强大。例如气缸缸内运动的动画核心,就需要关键帧。

每一个瞬间模型的状态为一个关键帧,关键帧技术将多个关键帧连接起来,就能够表现出动态过程。系统可以选用关键帧动画作为模拟运动的方式,进行动画的展示设计操作。3ds Max 一般能够提供两种刻帧的方法,即为手动刻帧和自动刻帧。手动方式可以避免多余数据,自动方式比较占用资源,但两种方式都会引起误差,产生的动作也会相对简单。为了减少顶点差值造成的收缩情况,还需要应用旋转角插值等方式进行动画的优化。前期进行的创建模型以及优化、材质贴图以及关键帧技术等操作,为后期视频的渲染工作打下了基础,可以通过 AE 及相关软件进行编辑操作以及音效合成等相关工作,为 Unity 3D 平台上的开发工作作准备。

(3)其他注意事项

在导出.fbx 格式的文件时,要注意以下几个问题:

① 单位和坐标的差异规避[39]。在 3ds Max 软件完成的模型保存为.fbx 格式后,即可以

导入 Unity 3D 开发平台进行开发工作。导入的文件能够使模型带有原设置的贴图材质、配合关系、顶点坐标以及动画等特征，但是在导入时也会由于 Unity 3D 和 3ds Max 软件设置不同出现一些问题：首先是单位设置的差异，在 Unity 3D 中的一个单位是 3ds Max 软件保存的.fbx 文件的 100 倍，所以在模型保存时，要合理设置单位。方法是在设置系统单位时，单位设置为 1 厘米，而将显示单位设置为米，从而解决标准不同的问题，如图 4.41 所示。

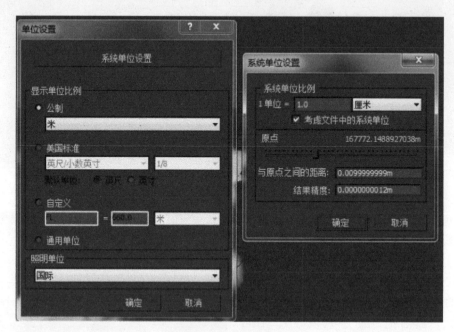

图 4.41　单位设置

另一个问题就是软件在坐标系中也有区别：3ds Max 是把 Z 轴向上作为高度，XY 平面作为底面的右手坐标系，而 Unity 3D 是以 Y 轴向上为高度正方向，XZ 平面为底面的左手坐标系，并且 3ds Max 中基本模型的轴心为底面中心而非重心，后续旋转处理也会产生问题。因此可以通过选定模型，在层次（Hierarchy）界面中采取仅影响轴（Affect Pivot Only）的选择，然后按照 +90° 的标准绕 X 轴正方向旋转。根据该模型的大小，将其轴心调整到模型物体 Z 轴方向的中心位置。文件导出时还要设置向上轴（Up Axis）为"Y-up"，操作如图 4.42 所示。通过以上操作，能够避免在两个软件的导入模型时出现的数值问题和模型旋转，以及重心不一致的问题。

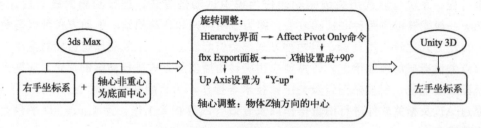

图 4.42　坐标系的旋转、轴心调整

② 模型回导入检查[39]。当进行完了所有的建模流程后，保存.fbx 文件中导出设置时在嵌入的媒体下勾选"嵌入的媒体"。直接导出经放样生成的模型时，系统会弹出窗口警告，

如图 4.43 所示，可能存在不能正确渲染的情况。原因是导出时，模型数据转换异常，数据丢失，多边形表面都被转换成了网格，即转换成了多边形网格再导出。要使模型在导出后保持原物理尺寸不变，在最终导出操作前，可以将其转换成为多边形/可编辑的网格检查效果，避免网格转换出现的问题，进行"回导入解析检查"操作，具体操作为：在导出了初步.fbx 文件之后，再次导入 3ds Max 软件检查模型效果。有些时候会发现模型在某些特征参数上存在差别，通过回导入把存在的问题进行修正，再次进行.fbx 格式文件的保存。再重复回导入，直到回导入的模型没有错误后即可以进行最终的 FBX 文件输出保存，以备 Unity 3D 软件下一步的开发工作。该方式能够有效避免 3ds Max 软件建模后直接使用于 Unity 3D 软件中造成与原设计模型不符的情况，以降低开发压力，减少错误率。

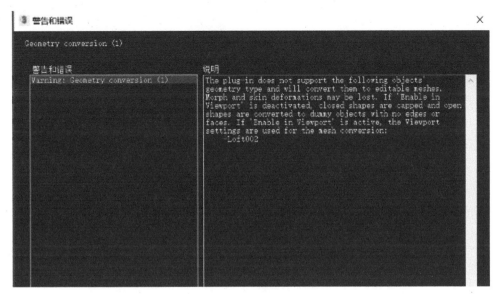

图 4.43　系统警告界面

4.2.7.3　虚拟现实功能开发

经过 SolidWorks 和 3ds Max 的模型构建、优化、动画设计后，将模型以.fbx 的格式导入 Unity 3D 虚拟现实开发平台或无编程快速开发平台中进行 VR 教学资源功能的开发。

4.3　"VR+ 教学"模式构建及实施

中共中央、国务院发布的《中国教育现代化 2035》给高校理论课教学指明了发展方向：不但要切实做好教学实践的现代化转变，而且要做到"面向人人"教育管理的现代化发展，树立以学生为中心的教育理念，以此来保证教学效果。以学生为中心的教育理念要求在教育教学过程中遵循学生身心发展规律，以学生学习和发展需求来优化教育资源，开展课程和实施教学。

针对目前机械工程专业教学过程中存在的问题，将 VR 技术、互联网技术、人工智能技术、大数据技术与机械类课程教学深度融合，采取 VR＋教育、互联网＋教育的方式，在"理实虚用、四位一体"教学改革思想指导下，将 VR 技术与教学三要素（教师、学生、教学资源）深度融合，将各种 VR 教学资源、云平台技术等信息化要素恰当地融入各个教学环节，包括课堂、实验、实训、自学等，通过典型场景中的应用过程、应用特点、应用方式，构建了基于教学云平台的 VR＋课堂教学、VR＋实验教学、VR＋实训教学和 VR＋自主学习四种场景的全时空"VR＋教学"模式，如图 4.44、图 4.45 所示。

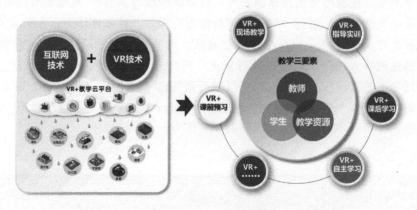

图 4.44　全时空"VR＋教学"模式构建示意图

图 4.45　全时空"VR＋教学"模式的构成

VR 教学云平台服务于教学活动中的主要角色（教学管理、教师、学生），满足教师、学生随时随地使用该平台上的课堂教学、实验教学、实训教学、自主学习的丰富教学资源，应用于各主要教学课程（理论课程、实验课程、实训课程），贯穿于教学活动的各个阶段（课前、课中、课后），实现"时时是学习之时，处处是学习之地"的全时空"VR＋教学"模式，打造"没有围墙的大学"，从而对传统的高校机械工程专业教学模式实现突破性的优化和升级，如图 4.46 所示。

4.3.1　VR＋课堂教学模式实施

在 VR＋课堂教学中，采用"1123"课堂教学方法，即课堂教学以 1 个教师为主导，以 1 个学生为主体，以 2 个 VR 黑板、"VR 教学资源"为载体，以 VR 技术的 3I 特性构建涵盖课前、课中、课后的沉浸体验式学习场景，如图 4.47 所示。

教师利用基于 VR 教学云平台的 PPT（含链接的知识点 VR 教学资源），使用 3D 版教

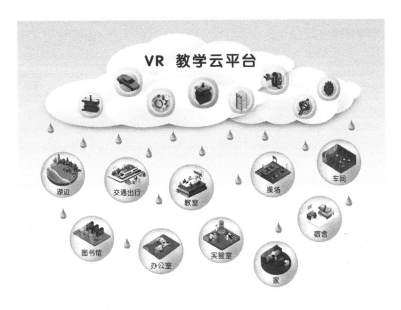

图 4.46　全时空"VR＋教学"教学范围

材、VR 触控一体机、VR 黑板及 VR 教学云平台等
进行课程讲解，如图 4.48 所示。教师利用 VR 黑板
的触控功能，实现所讲知识点三维结构的任意旋转、
缩放、互动拆装，以及工作原理三维动画展示，学生
可以在课前、课中、课后使用电脑或手机登录 VR 教
学云平台，进入相应的课程模块，学习相应 VR 教学
资源，学习活动需要在教师指定的时间内自主完成，
如图 4.49。在课堂教学过程中，学生可以佩戴 3D 眼
镜观察教师 PPT 课件中的 VR 教学资源，知识点以
三维可视化的形式呈现，学生仿佛身临其境，可以清
楚地看到内部结构、可以从各个角度去观看，可以深

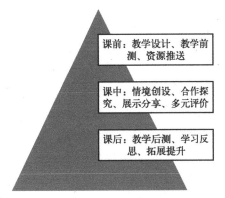

图 4.47　VR＋课堂教学的学习场景

刻理解所学知识点。学生在上课期间，也可以用手机扫描 3D 版教材中知识点对应的资源跟
随教师的讲解进行学习，如图 4.50。

图 4.48　VR＋课堂实景

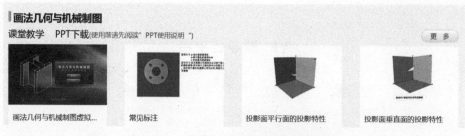

图 4.49　VR 教学云平台上课堂教学资源

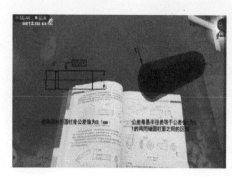

图 4.50　学生通过 3D 版教材学习

　　课堂教学中不再单单依靠教师的讲和学生的听这样单一的方式，VR＋课堂教学极大地丰富了课堂教学内容，教师在向学生讲授知识的过程中依托虚拟场景，讲解更具有生动性、形象性和可理解性。学生课堂学习过程中的资源也不单单依靠手中的文字表述性教材，而是在沉浸体验式教学环境中，跟随着教师的讲解在头脑中构建自己的知识体系。通过以上教学方式，实现课堂互动、练习、习题批改等，达到教与学的融合，教师边导边教，学生边学边练，培养学生自主探究、协作学习、分析归纳的创新能力，达到老师易教、学生易学的目的。

4.3.2　VR+ 实验教学模式实施

　　根据实验教学的过程，在 VR＋实验教学中实施四步 VR＋实验方法。学生的学习过程需要经过学生预习、教师讲解、教师指导和学生自主探究四个阶段，缺一不可。

　　第一阶段，VR＋预习：实验预习的好坏直接影响学生实验技能的训练和实验教学的成败。通过实验预习环节，学生明确实验任务，清楚实验原理、了解实验仪器、总结实验预习过程中遇到的难点和困惑点，进而形成实验预习报告。实验预习环节是学生在正式接受实验教学之前自主进行的学习活动，但是实验预习却是学生掌握实验步骤，巩固理论知识的关键一步。学生通过电脑或手机登录 VR 教学云平台及 3D 版实验指导书预习，上传预习报告，系统进行预习成绩评定，如图 4.51 所示。

　　第二阶段，VR＋讲解：教师在开展实验教学活动之前能够掌握到学生在实验学习过程中遇到的问题，在实验教学时，利用 VR 黑板及 VR 教学云平台更有针对性、有重点地讲解实验内容，大大提高课堂实验教学效率。

　　第三阶段，VR＋指导：经过前两个阶段中学生的"VR＋预习"和教师的"VR＋讲解"环节后，学生需要针对自己原有的困惑，结合教师的讲解，进行 VR＋实验操作，在这个过程中，教师借助手机 APP 指导学生在实验操作过程中遇到的问题，这就是"VR＋指导"。

图 4.51　VR 教学云平台

第四阶段，VR＋探究：学生在完成真实实验的基础上，应用 VR 教学云平台进行探究性实验，通过不断反复练习获得经验与熟练度，延伸实验内容，增强创新能力。

至此，VR＋实验教学整个流程反复循环，直至学生全面掌握知识，并内化于心。

4.3.3　VR+实训教学模式实施

在"理实虚用、四位一体"教学改革思想指导下，VR＋实训教学将理论知识、实践技能用虚拟现实技术与其应用场景进行有机融合，通过 VR 技术开发虚拟仿真实训资源。通过三维可视化的 VR 虚拟仿真实训教学，有效解决传统实训教学过程中高投入（如加工中心）、高损耗（如切削加工）、高风险（如铸造）及难实施（如汽车生产流水线）、难观摩（切削力和切削温度测量）、难再现（如生产安全）的痛点和难点问题，实现对原本不可见的设备内部结构进行展示，对高损耗的超高速切削加工进行模拟，将智能制造生产线、汽车生产流水线等搬到实验室，将安全生产的事故复现，让学生"走进"原理、"走进"设备、"走进"工程场景，为学生营造一个接近真实的生产环境。

本科和高职/中职对实训教学的教学重点、难点、途径、目标不同，分别形成了各自的 VR＋实训教学模式，具体如下。

（1）本科层次 VR＋实训教学模式

① VR＋辅助实训教学。针对实训教学开发 VR 实训资源，完成实训的操作过程和实训相关的测试。课前学生按照 VR 实训资源预习实训，熟悉实训操作过程，课上教师通过 VR 教学资源进行实训讲解，实训中学生应用 VR 实训资源指导实训，试验后进行实训测验，以此构建四步 VR 实训方法，即 VR＋实训预习、VR＋实训讲解、VR＋实训指导、VR＋实训测验，如图 4.52 所示。

② VR＋虚拟结合新实训模式。虚拟仿真实训资源，随着产业转型升级持续更新升级，切实遵循"以实带虚、以虚助实、虚实结合"原则，避免"为虚而虚"。充分发挥不同类型及交互方式虚拟仿真实训资源的优势，对传统实训教学模式进行创新再造，实现实训教学的生动性、趣味性、互动性和自主性，并将"立德树人"和"三全育人"要求、"课程思政"和"思政课程"元素有机地融入其中。

针对金工实习、生产实习、毕业实习、毕业设计等与生产实际关联度较高的实训过程，开发了实训基地实训设备（系统）的 VR 孪生教学资源，构建了基于 VR 教学云平台的全时空实训教学模式，实现真实设备与虚拟资源的融合，实施实训教学的"先虚后实、以虚助

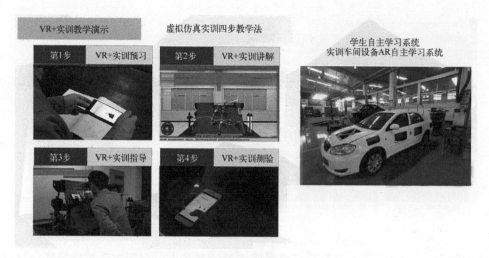

图 4.52　VR＋实训教学的四步教学法

实、虚实结合"的教学形态，努力实现"易教、易学、易用"的目标，如图 4.53、图 4.54所示。

图 4.53　工程训练虚拟仿真教学云平台

（2）高职/中职层次 VR＋实训教学模式

针对职业教育职业性和实践性的特点以及对培养应用型、操作型高级技能人才的需求，建设职业教育虚拟仿真实训基地，可以将 VR 技术与实训设施深度融合，进行虚拟仿真教学硬件设备和软件资源的搭建，利用虚拟仿真技术的优势补充实体资源的不足，达到"以实带虚""以虚助实""虚实结合"，建设高质量虚拟仿真综合实训体系。

通过虚拟仿真教学资源、虚拟仿真实训设备，搭建虚拟仿真实训教学管理与资源共享平台（VR教学云平台），构建全时空虚拟仿真实训教学模式。通过教学课堂＋云端课堂的方式进行实训。

教学课堂以实训室为平台，分模块完成理论知识学习和单一技能点的训练任务，以技能

图 4.54　虚拟仿真教学云平台考核成绩

大赛考核设备和 1＋X 职业技能考核设备为载体，结合新规范、新技术、新工艺完成较复杂实训项目和综合技能的训练；云端课堂基于"互联网＋"的理念，借助 VR/AR 新一代信息技术，通过 VR 教学云平台实施全时空学习、远程虚拟仿真实训，VR 仿真实训车间如图 4.55 所示。

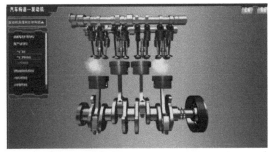

图 4.55　"发动机构造与维修"实训课 VR 教学资源

该教学模式紧密围绕学情特点、专业需求和岗位标准，提升职业素养。通过课前自主学习（云课堂），可以进一步明确授课的教学重难点，更精准地掌握学情；通过课中互动学习（线下实训车间），可以完成学生的过程性和总结性评价，实现技能进阶；通过课后拓展学习（云课堂＋校企工厂），可以提升学生课堂知识的迁移能力及对学生进行综合评价。

云端课堂，即利用在线直播平台，由教师和企业工程师进行授课，学生通过远程操作企业的虚拟仿真平台进行训练。企业工程师在线解答，专职、兼职教师配合完成评价。云端远程实训模式如图 4.56 所示。

图 4.56　云端远程实训模式

4.3.4　VR+自主学习模式实施

　　VR 技术创造了以学生为中心的个性化教学环境，能够把教学中的抽象概念原理、真实的加工生产过程等形象生动地表现出来，给学生创设接近真实的学习情境。它营造了自主学习的环境，由传统的"以教促学"的学习方式转换为学习者通过自身与信息环境的相互作用来得到知识、技能的新型学习方式，促进教育方式的创新和教学方法的变革。

　　学生可以在教室、宿舍、图书馆、自习室等任意场所，课上课下等任意时间，使用台式电脑、手机、PAD 等任意上网终端，借助 VR 教学云平台、3D 版教材、VR 学习走廊等进行自主学习，如图 4.57 所示。在 VR+自主学习过程中，教师从课堂教学的主导者逐渐转变为教学的引导者，发挥学生学习的主体地位，激发其学习的主动性。教师可以在课程课前预习阶段，要求学生结合线上资源和 3D 版教材进行自主预习；可以在课程教学过程中，针对教学重点和学生的疑难问题，针对性地进行知识的讲解。通过 VR+自主学习方式引导学生自主进行知识探索，共同推进学习进度，既能增加学生的学习兴趣，也可以逐步培养其自主学习的能力。

图 4.57　VR+自主学习

第 5 章
VR 教学资源开发标准和规范

现有的 VR 教学资源比较匮乏,课程构建不成体系,课程之间的逻辑关系不清晰,VR教学资源形式不统一、功能不健全、内容不完善、质量良莠不齐,且资源兼容性较差,无法同时满足多种智能终端的使用需求。因此,需要制定 VR 教学资源的开发标准和规范。

为规范机械工程专业 VR 教学资源的建设,优化扩建机械工程专业 VR 教学资源,制作适用于多种智能终端的 VR 教学资源,著者与产学研合作单位合作,共同制定了 VR 教学资源开发标准和规范,主要包括 VR 教学资源总体制作要求、三维模型制作规范、VR 教学资源制作规范、音频及视频类教学资源制作规范、考核设计、其他教学资料等内容,旨在对机械工程专业 VR 教学资源的制作提供指导,推动机械工程专业 VR 教学资源在内容建设、教学实践与效果、服务质量等方面的技术评价体系,促进实现机械工程专业"VR+教学"模式生态圈的形成与完善。

5.1 VR 教学资源总体制作要求

机械工程专业的 VR 教学资源来源于课程实验、实训、基础及专业课程中知识点及企业应用。具体内容包括但不限于展示件、样机、理论课相关实验、实验周综合实验、实训与基础及专业理论课。机械工程专业 VR 教学资源应具有良好的兼容性,能够适应手机、台式电脑、掌上电脑、VR 黑板、智能白板等多种智能终端使用,能够与 Android、iOS、Microsoft 等操作系统兼容,满足学生与教师对资源使用的多场合、多形式的要求。

5.1.1 理论课程 VR 教学资源总体制作要求

理论课程 VR 教学资源制作根本宗旨是更好地辅助教师完成教学工作,帮助学生加深理论知识的理解,提高教学质量与教学效果,促进理论内容具象化、直观化、简洁化。理论课程 VR 教学资源一方面应用于学生理论课前的预习,通过课前预习指导学生了解课程内容,掌握课程重点难点,启发学生发现问题、提出问题,优化课堂教学效果,提高课堂教学质量。另一方面应用于教师课堂授课。教师可充分发挥 VR 教学资源的优势,借助三维可视化资源更加清晰直观地表达机械设备的工作原理、内部结构、生产工艺过程、应用场景,同时有助于学生更高效地理解理论知识点。在理论教学中充分发挥机械工程专业课程 VR 教学资源的清晰、直观、高效等优势。

理论课程 VR 教学资源的建立分为独立 VR 教学资源的建立与课程 VR 教学资源的建立。独立 VR 教学资源是指一门课程中独立碎片化知识点的三维模型，独立 VR 教学资源为单个文件，可由单个 VR 教学资源讲解清晰，与同一门课程中的其他知识点具有相对独立、难度较小的特点，同时可应用于多门具有相同或相似知识点的课程。

课程 VR 教学资源是指一门课程建设所需的全部教学资源，包括课程教学相关文件、各知识点 VR 资源和教学课件。其中，教学相关文件包括教学大纲、教学进度表等教学相关必备文件。各知识点 VR 资源可由一个或多个文件构成，旨在尽可能详尽地讲解并直观地演示该知识点。各知识点之间应具备一定的逻辑关系，使学生能够通过各知识点的学习从而整体掌握课程的重点难点。教学课件应与知识点之间的逻辑关系相对应，各知识点 VR 资源应通过超链接插入教学课件中，制定适用于 VR 课程的包含 VR 教学资源的教学课件。

5.1.2 实验、实训 VR 教学资源总体制作要求

实验、实训 VR 教学资源制作的根本宗旨为更好地服务教师完成教学工作，帮助学生加深实验与理论的理解，强化实践操作能力与技巧。实验、实训 VR 教学资源一方面应用于学生实际实验、实训操作前的预习与实验、实训操作后的复习巩固。通过实操前的虚拟实验学习，学生能够理解实验原理，掌握实验、实训步骤，牢记实验、实训安全注意事项等预习基本要求，保证实验、实训效率与效果。另一方面，借助 VR 技术的优势，充分发挥学生的主观能动性，培养学生的创新能力。

5.2 三维模型制作规范

建模是将现实世界的元素或对象进行虚拟再现的技术，涉及的元素和对象包括静态和动态内容。因此在建模过程中需要根据静态特征和动态特征进行分析，以获取其外观形状、运动约束、物理特性等方面的信息。从而设计出沉浸性、逼真性的三维模型[44]。

三维模型是利用计算机建立的关于研究对象的逻辑模型，是系统或者对象本质的简化和抽象，是实现虚拟仿真的核心和基础。三维模型使用便捷、安全，不受自然环境限制，可以调节时间进程，是研究、分析、设计、运行和评价系统（特别是复杂系统）的有效工具。依据教学目的，对系统或者对象进行虚拟仿真，要抓住主要矛盾，也就是核心要素，建立和开发模型。三维模型要体现系统或者对象的客观结构、功能及其运动规律。

5.2.1 三维模型建立规范

① 三维模型应与实际物体按照 1∶1 的比例关系绘制；

② 当实际物体的总体尺寸小于 20mm×20mm×20mm 时，将所有零件尺寸放大为原尺寸的 5 倍；

③ 三维模型结构应与实际物体完全相同，结构上不得存在省略和简化；

④ 一个零件的三维模型构成一个文件；

⑤ 装配体中不得出现结构和运动干涉，装配关系应与实物一致。

本书中 VR 教学资源模型的创建，主要采取 SolidWorks 软件及 3ds Max 软件各自优势配合完成。在构建模型时注意如下规范：

a. 模型中心点一定要正确，要在模型的几何中心点；

b. 模型命名不能重复，避免中文命名，且长度在 32 字节之内；

c. 草图要绘制正确且约束完全；

d. 模型父子关系要正确；

e. 坐标设置：3ds Max 采用右手坐标系，Unity 3D 采用左手坐标系，因此需要提前在 3ds Max 中旋转 90°，以消除模型在 Unity 3D 中的偏离。

5.2.2　三维模型材质及表面处理

① 单个模型面数限制为 60000 三角面，保守计算为 30000 四边面，在保证结构正确、外表美观、动作能正常实现的情况下面数越少越好。

② 针对 SolidWorks 等专业软件绘制的模型，尽可能地减少模型的面数。

③ 针对 3ds Max 制作的模型不能出现法线翻转、缺面、漏面、黑面的情况。

④ 凡是用镜像命令制作出的模型都要用立方体塌陷。

⑤ 不要设置三维模型的材料。

⑥ 单个零件使用单一颜色表示。

⑦ 色彩选用应与实物尽可能接近。

⑧ 色彩饱和度不要太高。

⑨ 部件模型与装配体模型中相邻零件使用同色系不同颜色或不同颜色区分。

⑩ 整个模型颜色种类不要超过四种。

5.2.3　三维模型文件保存规范

① 三维模型的制作可以由任意一种或多种三维建模软件完成，最终所有三维模型文件保存为 .fbx 格式。

② 文件名称为零件、部件、装配体名称，装配体、部件文件夹命名与装配体、部件相同，标准件应标注国标代号。

③ 所有三维模型保存在一个文件夹中，文件夹组织结构如图 5.1 所示。

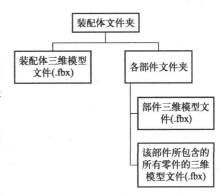

图 5.1　三维模型文件夹组织结构图

5.3　VR 教学资源制作规范

VR 教学资源的制作规范分为零件类 VR 资源制作规范、部件类 VR 资源制作规范、装配体类 VR 资源制作规范、操作类 VR 教学资源与原理类 VR 教学资源的制作规范。VR 教学资源主要用于物体结构的展示，指导学生对机械结构、仪器器具、复杂机器、应用场景的理解和认知，指导学生进行简单操作过程模拟。资源应满足从多角度、多层次观察物体对象与互动操作的要求。对于复杂的仪器模型、与理论知识点相关的 VR 教学资源应同时附有理论讲解。操作类 VR 教学资源主要针对需要学生动手实际操作的实验，实验过程中对涉及的交互操作要求、实验现象、实验结果、知识帮助与指导以及操作指引等方面提出设计规范要求。操作类教学资源应能够清晰反应实验目的、实验原理、实验仪器、实验步骤以及实验注意事项。

5.3.1 零件类 VR 教学资源制作规范

（1）模型

① 模型能够实现移动、缩放与旋转。

② 对于典型零件，根据需要增加零件的二维图（如图 5.2）。

③ 所有二维图纸根据最新国家标准绘制。

④ 模型的材质应与实际物体材质相同。

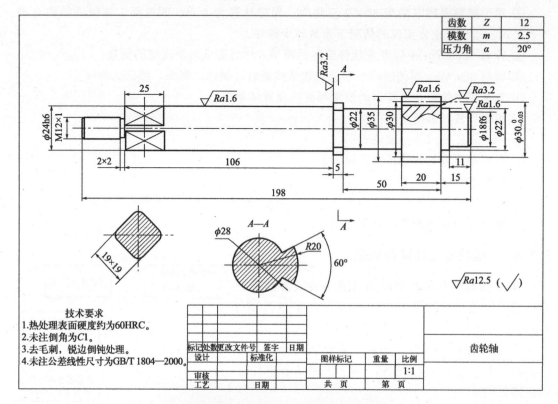

图 5.2　典型零件及其二维图

（2）场景

① 场景色彩应与零件有明显差异。

② 同一课程/实验/实训场景应保持一致。

③ 导入的背景图片应为不带通道的 .jpg 格式贴图，带通道的为 .tga 或者 .png 格式贴图。

④ 图片文件尺寸须为 2 的 n 次方（如 8、16、32、64、128、256、512、1024）像素，并不一定必须是正方形，例如长宽可以是 256 像素×128 像素，也可以是 1024 像素×32 像素。最大尺寸最好不要超过 1024 像素×1024 像素，特殊情况下尺寸可在这些范围内调整。

⑤ 导入图片以英文命名，不能有重名（不同格式也不可以同名）。

（3）名称标签

① 在资源界面上方正中注明课程/实验/实训名称。

② 一级标题为零件名称。

③ 若零件由不同结构组成，则分别标注各结构名称，如"肋板"（图 5.3）。

④ 标签避免重叠，对称可以分开标。

⑤ 标题选用黑体，加粗，颜色与背景颜色对比明显，以黑或白色为主。

⑥ 一级标题选用黑体，颜色与背景颜色对比明显，以黑或白色为主。

⑦ 名称标签字体选用黑体，颜色与背景颜色对比明显，以黑或白色为主。

⑧ 同一实验、实训或课程中的所有字体设置相同。

（4）剖视图

① 对称零件采用半剖（图 5.4）。

② 剖面颜色应与零件颜色有明显差异，选用较鲜明色彩。

③ 不对称零件根据展示需要全剖或局部剖。

④ 用户可以自由选择是否剖切。

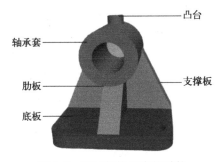

图 5.3　不同结构组成的零件

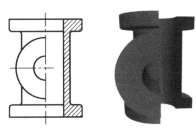

图 5.4　半剖零件示意图

（5）文件命名

① 文件命名为"科目-零件名称"。

② 标准件命名为国标代号。

（6）最终发布要求

最终发布的资源文件不可过大，窗口模式分辨率为 1920 像素×1080 像素，单个知识点不可超过 200MB，系统文件不可超过 1G。不可外调其他的 exe 及 flash 文件。最终文件由 2 个文件组成：一个 data 文件，一个 exe 执行文件。

5.3.2　部件类 VR 教学资源制作规范

（1）模型

模型能够实现移动、缩放与旋转。

（2）剖切展示

① 能够沿着 X、Y、Z 三个方向分别剖切部件。

② 用户能够自由选择剖切面的位置。

③ 剖面颜色应与零件颜色有明显差异，选用较鲜明色彩。

④ 用户可以自由选择是否剖切。

（3）场景

① 场景色彩应与部件有明显差异。

② 同一课程/实验/实训场景应保持一致。

③ 导入的背景图片应为不带通道的.jpg格式贴图、带通道的为.tga或者.png格式贴图。

④ 图片文件尺寸须为2的n次方（如8、16、32、64、128、256、512、1024）像素，并不一定必须是正方形，例如长宽可以是256像素×128像素，也可以是1024像素×32像素。最大尺寸最好不要超过1024像素×1024像素，特殊情况下尺寸可在这些范围内调整。

⑤ 导入图片以英文命名，不能有重名。

（4）爆炸动画

① 爆炸过程尽量与实物拆解过程一致。

② 对于简单部件，可选定中心点进行一次爆炸。

③ 对于复杂部件，爆炸过程一次只拆出一个或一类零件，对于对称部件，可两边同时进行。

④ 复原过程应与拆解过程相逆。

⑤ 爆炸过程可随时开始/暂停。

（5）名称标签

① 通过指引线标注各零件名称，标注清晰，大小一致。

② 装配状态下仅标注可见零件名称。

③ 爆炸后标注所有零件名称。

④ 零件名称可以选择出现与隐藏。

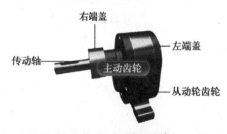

图5.5　名称标签示意图

⑤ 当光标移动到某一零件时，该零件高亮显示，并出现该零件名称标签。

⑥ 零件名称与部件名称均使用专业名称。

⑦ 标签大小应与部件相适应，不得过大或过小。

⑧ 对称部件只标注一侧。

⑨ 多个相同零件只标注一个。

⑩ 部件图中的零件名称标注应与零件图中标注一致。

⑪ 所有标签字体使用黑体，如图5.5所示。

（6）菜单编辑

① 在资源界面上方正中注明实验/实训名称，若模型出自理论课程，则注明理论课程名称。

② 一级标题包括：部件名称、爆炸展示、自由拆装、剖切展示、运动模拟、自动拆分等（一级标题可根据实际制作需求增添或删减）。

③ 部件名称一级标题下包括所有零件名称，当点击某个零件名称时，该部件的其余零件隐藏，只显示该名称的零件。

④ 点击部件名称一级菜单时显示部件整体。

（7）自由拆装

① 所有零件均可选择后拆装。

② 导入工具模型，使用相应的工具拆装不同的零部件。

③ 零件可以被移动至任意位置。

④ 在场景中创建窗口，自动出现拆装顺序提示并可手动隐藏。

⑤ 拆装顺序提示：应使用数字字体标明顺序。

⑥ 拆装顺序中零件名称与零件图名称统一。

⑦ 拆装顺序中字体大小比名称标签小一号，字体类型为黑体。

（8）运动模拟

① 模拟实物运动方式。

② 设置"播放"按钮，由用户自主选择播放或停止。

③ 模拟运动速度可调。

④ 模拟运动最低速度为实物运动最低速度 0.25 倍。

⑤ 模拟运动最高速度为实物运动最高速度 2 倍。

⑥ 运动极限位置、特殊位置应有停顿和文字说明。

⑦ 字体为楷体，字号比名称标签小一号。

⑧ 文字说明全部出现之后，应停留一段时间，停留时长＝字数×0.25(s)。

⑨ 停留时间过后，继续自动播放。

⑩ 勿设置自动循环。

（9）自动拆分

① 设置自动拆分动画，拆卸过程与实物拆卸过程一致。

② 拆卸的过程中所有零件要符合实际拆卸的运动方式，如螺母需要旋转运动与沿轴线方向的移动。

③ 自动拆分速度为 25 帧每秒。

（10）文件命名

文件命名方式采用"科目-部件名称"。

若部件为某公司产品，命名为"科目-部件名称-部件型号"。

（11）最终发布要求

最终发布资源文件不可过大，窗口模式分辨率为 1920 像素×1080 像素，单个知识点不可超过 200MB，系统文件不可超过 1G。不可外调其他的 exe 及 flash 文件。最终文件由 2 个文件组成：一个 data 文件，一个 exe 执行文件。

5.3.3　装配体类 VR 教学资源制作规范

（1）模型

① 模型可移动、缩放与旋转。

② 相邻部件使用不同颜色区分。

③ 整个模型颜色种类不超过三种。

（2）场景

① 场景色彩应与部件有明显差异。

② 同一课程/实验/实训场景应保持一致。

③ 导入的背景图片应为不带通道的.jpg 格式贴图，带通道的为.tga 或者.png 格式贴图。

④ 图片文件尺寸须为 2 的 n 次方（如 8、16、32、64、128、256、512、1024）像素，

并不一定必须是正方形，例如长宽可以是 256 像素×128 像素也可以是 1024 像素×32 像素。最大尺寸最好不要超过 1024 像素×1024 像素，特殊情况下尺寸可在这些范围内调整。

⑤ 导入图片以英文命名，不能有重名。

(3) 爆炸动画

① 爆炸过程尽量与实物拆解过程一致。

② 爆炸最小单位为外壳与部件。

③ 爆炸之后各部件均可清晰展示，无重合。

④ 对于简单部件，可选定中心点进行一次爆炸。

⑤ 对于复杂部件，爆炸过程一次只拆出一个或一类零件，对于对称部件，可两边同时进行。

⑥ 复原过程应与拆解过程相逆。

⑦ 爆炸过程可随时开始/暂停。

⑧ 动画勿设置循环播放。

(4) 名称标签

① 通过指引线标注各零件名称，标注清晰，大小一致。

② 装配状态下仅标注可见零、部件名称。

③ 爆炸后标注所有部件名称与不属于某一部件的零件名称。

④ 零、部件名称可以选择出现与隐藏。

⑤ 当光标移动到某一零、部件时，该零、部件高亮显示，并出现该零、部件名称标签。

⑥ 零件名称与部件名称均使用专业名称。

⑦ 若机器为某公司产品，则其名称应标注为"机器名称-型号"。

⑧ 标签大小应与部件相适应，不得过大或过小。

⑨ 对称装配体只标注一侧。

⑩ 多个相同零、部件只标注一个。

⑪ 装配体中的零、部件名称标注应与零、部件图中标注一致。

⑫ 所有标签字体使用黑体。

(5) 菜单编辑

① 在资源界面上方正中注明实验/实训名称，若模型出自理论课程，则注明理论课程名称。

② 一级标题包括：装配体名称、部件名称、爆炸展示、自由拆装、剖切展示、运动模拟、自动拆分等（一级标题可根据实际制作需求增添或删减）。

③ 部件名称一级标题下包括所有零件名称，当点击某个零件名称时，该部件的其余零件隐藏，只显示该名称的零件。

④ 点击部件名称一级菜单时显示部件整体。

⑤ 点击装配体名称一级菜单时显示装配体整体。

(6) 自由拆装

① 所有部件均可选择后拆装。

② 部件可以被移动至任意位置。

③ 在场景中创建窗口，自动出现拆装顺序提示，并可手动隐藏。

④ 拆装顺序提示：应使用数字字体标明顺序。

⑤ 拆装顺序中部件名称与部件图名称统一。

⑥ 拆装顺序中字体大小比名称标签小一号，字体类型为默认字体。

（7）运动模拟

① 模拟实物运动方式。

② 设置"播放"按钮，由用户自主选择播放或停止。

③ 模拟运动速度可调。

④ 模拟运动最低速度为实物运动最低速度 0.25 倍。

⑤ 模拟运动最高速度为实物运动最高速度 2 倍。

⑥ 运动极限位置、特殊位置应有停顿和文字说明。

⑦ 字体为楷体，字号比名称标签小一号。

⑧ 文字说明全部出现之后，应停留一段时间，停留时长＝字数×0.25(s)。

⑨ 停留时间过后，继续自动播放。

⑩ 勿设置自动循环。

（8）文件命名

① 文件命名采用"科目-机器名称"格式。

② 若机器为某公司产品，命名为"科目-机器名称-产品型号"。

5.3.4　操作类 VR 教学资源制作规范

（1）实验原理介绍

① 文字类原理介绍。

a. 一级菜单名称：××实验原理。

b. 字体为黑体。

c. 在场景中添加文本框，内容为实验原理的介绍。

d. 需要的情况下在场景中插入图片辅助讲解。

② 视频类原理介绍。

a. 一级菜单名称：××实验原理。

b. 视频时长不超过 10 分钟。

c. 可插入多个视频。

d. 视频形式不限，可以是人工讲解，也可以是动画演示。

（2）实验仪器认知

① 实验仪器模型。实验仪器模型构建与装配体类 VR 资源构建要求相同。

② 实验仪器使用注意事项。在场景中添加文本框，文本框标题为"××实验仪器使用注意事项"，内容为本仪器的使用注意事项。字体为黑体，字号为小四。实验仪器使用注意事项应条理清晰、图文并茂。

（3）实验操作步骤

在场景中添加文本框，文本框标题为"××实验步骤"，内容为本实验的实验步骤。字体为黑体，字号为小四。实验步骤应条理清晰、图文并茂，详细介绍实验的操作步骤，要求学生能够根据实验操作步骤的指引独立完成实验。

（4）实验操作视频

① 视频命名：科目名称-实验名称。

② 单个视频时长：不超过 10 分钟。

③ 视频形式：不限，可以是人工讲解，也可以是动画演示。

（5）实验操作模拟

① 建立实验操作场景模型，场景模型尽量模拟实验场所的状况。

② 建立实验所需的工具模型库和工件模型库。

③ 用户可以自由从工具模型库和工件模型库中选择工具和工件，并拖动到实验指定操作位置。

④ 根据实验步骤要求模拟实验操作过程，每一步操作之前有操作步骤文字提示，用户完成操作后自动弹出下一步的操作提示。

⑤ 实验仪器模型要有与实验过程相符合的运动。

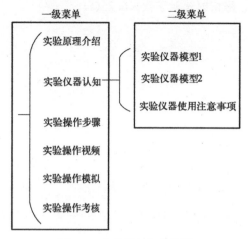

图 5.6　菜单栏组织结构图

（6）实验操作考核

① 建立与实验操作模拟相同的场景与模型。

② 用户可以自由从工具模型库和工件模型库中选择工具和工件，并拖动到实验指定操作位置。

③ 若用户正确选择工具或工件并放置在正确位置，记为正确，否则记为错误。

④ 在场景中建立窗口显示总体步骤数、正确步骤数、错误步骤数。

⑤ 当正确步骤数占总体步骤数的 80% 以上时，在窗口中显示"考核通过"字样。

（7）菜单栏设置

菜单栏组织结构设置如图 5.6 所示。

5.3.5　原理类 VR 教学资源制作规范

原理类 VR 教学资源指的是机械类课程中的不便于使用机械结构以及实体模型表达的抽象性较强的理论知识点。

（1）资源表达形式

① 资源表达以图像的形式为主，以能够清晰表达理论知识点为原则，由资源制作者自行设计（图 5.7）。

② 图像色彩应鲜明并具有区分性。

③ 理论图像在可能的情况下应尽量接近实际情况。

（2）场景

① 场景色彩应与部件有明显差异。

② 同一课程/实验/实训场景应保持一致。

③ 导入的背景图片应为不带通道的 .jpg 格式贴图，带通道的为 .tga 或者 .png 格式贴图。

④ 图片文件尺寸须为 2 的 n 次方（如 8、16、32、64、128、256、512、1024）像素，并不一定必须是正方形，例如长宽可以是 256 像素×128 像素也可以是 1024 像素×32 像素。最大尺寸最好不要超过 1024 像素×1024 像素，特殊情况下尺寸可在这些范围内调整。

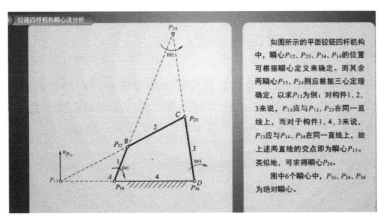

图 5.7　原理类 VR 教学资源

⑤ 导入图片以英文命名，不能有重名。（不同格式也不可以同名。）

（3）名称标签

① 在资源界面上方正中注明实验/实训名称，若模型出自理论课程，则注明理论课程名称。

② 一级标题为知识点名称。

③ 在需要的情况下应分别标注图像中各部分的名称。

④ 标注字体大小以能够清晰阅读为原则，尽可能与图像协调美观。

⑤ 所有标注均使用数学、物理学标准标注。

⑥ 所有标签字体使用黑体。

（4）文件命名

文件命名为"科目-知识点名称"。

（5）最终发布文件要求

最终发布资源文件不可过大，窗口模式分辨率为 1920 像素×1080 像素，单个知识点不可超过 200MB，系统文件不可超过 1G。不可外调其他的 exe 及 flash 文件。最终文件由 2 个文件组成：一个 data 文件，一个 exe 执行文件。

5.4　音频及视频类教学资源制作规范

5.4.1　音频类教学资源制作规范

在 VR 教学资源中可以在必要的位置插入音频讲解或其他声音文件，文件为 .mp3 格式，单个音频时长不超过 5 分钟，可插入多个音频文件。音频文件命名为音频的具体内容。要求插入的音频文件清晰，没有背景声以及其他杂音。音频中不能出现任何与教师、学院、学校等相关的具有身份辨识信息的内容。

5.4.2　视频类教学资源制作规范

在 VR 教学资源中插入视频文件，视频文件可以是动画文件（文件格式为 .flash），也可以是影像文件（文件格式为 .mp4），单个视频时长不超过 10 分钟，可插入多个视频文件。视频文件命名为视频的具体内容。插入的视频文件分辨率不低于 480 像素×720 像素。对于有声音的视频，视频中的声音要足够清晰，无杂音，能够清楚辨别视频主要内容的声音。

5.5 考核设计

考核方式分为操作考核与试题考核。操作考核主要考核用户对实验操作过程的掌握程度，试题考核主要考核用户对理论知识的掌握程度。所有考核均设置成绩反馈，正确率达到80％以上为考核合格。考核内容放入模型类 VR 教学资源的一级标题中，所有 VR 教学资源均设有考核。

5.5.1 操作考核

① 建立与实验操作模拟相同的场景与模型。

② 用户可以自由从工具模型库和工件模型库中选择工具和工件，并拖动到实验指定操作位置。

③ 若用户正确选择工具或工件并放置在正确位置，记为正确，否则记为错误。

④ 在场景中建立窗口显示总体步骤数、正确步骤数、错误步骤数。

⑤ 当正确步骤数占总体步骤数的80％以上时，在窗口中显示"考核通过"字样。

5.5.2 试题考核

① 以选择题、填空题为主，填空题每空1分，选择题每题2分。

② 零件类 VR 教学资源设置5道考核题目。

③ 部件类 VR 教学资源设置10道考核题目。

④ 装配体类 VR 教学资源设置总数不少于20道考核题目。

⑤ 操作类实验 VR 教学资源设置不少于30道考核题目。

⑥ 原理类 VR 教学资源设置不少于10道考核题目。

⑦ 设置考核时间、正确率、考核进度。

5.5.3 最终发布要求

最终发布资源文件不可过大，窗口模式分辨率为1920像素×1080像素，小知识点不可超过200MB，系统文件不可超过1G。不可外调其他的 exe 及 flash 文件。最终文件由2个文件组成：一个 data 文件，一个 exe 执行文件。

5.6 其他教学资料

其他教学资料是指所有非模型、非音视频的教学资料，如教学文件、教学课件等。实验、实训的相关教学资料包括实验/实训指导书和实验/实训报告；理论课程相关教学资料包括教学大纲、教学进度表和教学课件。所有文字保存为 .pdf 格式，教学课件保存为 .pptx 格式。每一门实验、实训与课程资源都应包含完整的相应教学资料。一门实验、实训与课程的教学资料放置在一个文件夹中，压缩成为 .zip 文件后上传到相应的 VR 教学资源中，最终发布资源文件不可过大，窗口模式分辨率为1920像素×1080像素，小知识点不可超过200MB，系统文件不可超过1G。

5.6.1　理论课程相关教学资料

（1）教学文件

① 课程教学大纲。课程教学大纲格式不做统一规定，文件中不出现任何与学校、教师姓名等相关的具有学校辨识性的语言文字等信息。

② 课程教学进度表。

（2）教学课件

① 教学课件格式为.pptx，使用 Microsoft Office 2007 以上版本制作。

② 教学课件不设置统一模板，根据课程需要设计课件。

③ 教学课件中不得出现资源制作者、授课教师、学校/学院标志、学校/学院名称等任何具有身份识别功能的词语或图像（包括水印）。

④ 教学课件中具有 VR 教学资源的知识点应设置资源超链接，并使用图 5.8 所示作为超链接符号。

图 5.8　VR 资源超链接符号

5.6.2　实验、实训相关教学资料

文件夹命名为"××实验/实训文件资料"。

（1）实验（实训）指导书

实验（实训）教学支持文件的制作原则是学生可以根据教学指导文件自主完成实验（实训）并能够引导学生对实验（实训）进行思考和创新设计。内容应包含实验（实训）名称、实验（实训）目的、实验（实训）原理、实验（实训）仪器、实验（实训）步骤、实验（实训）注意事项、理论讲解、问题提出。

（2）实验（实训）报告

实验（实训）报告模板。

第6章
无编程 VR 教学资源快速开发平台

　　虚拟现实技术本身已经逐渐步入成熟期，但到目前为止在教学上成功运用的 VR 教学资源却相对较少。专业的 VR 教学资源具有开发专业性强、成本高、技术难度大、研发周期长等特点，难以大规模、快速建设。一个很大的障碍在于技术与教学的脱节，拥有虚拟现实开发技术的软件工程师们虽然精通编程，但很多对于教学的理论与实践是门外汉，而钻研教学的教师大多数对虚拟现实开发技术望而生叹。技术与教学之间存在一定的距离，造成虚拟现实技术迟迟不能较完善地运用于教学实践上。

　　为了让广大的一线教师和在校学生投入 VR 教学资源的开发，快速扩充 VR 教学资源的体量，形成 VR 教学的普遍应用，需要设计简化、易用、无须编程的 VR 教学资源开发工具。

　　通过设计直观的、交互性的界面，研发 UI（用户界面）逻辑的快速生成机制；分析单一模型和大场景模型下教学资源元素（缩放、拖拽、拆装等），建立元素逻辑程序，构建该领域的特征模型；研究三维模型的轻量化机制，研究各种 3D 建模软件生成的 STL 格式下的 3D 模型特质，编写自动减面程序。通过研究 Unity 3D 编译、运行机制，开发基于 Microsoft. net 平台的功能脚本，封装构成系列程序插件，完成无编程快速开发平台搭建，将传统的代码编码过程转化为可视化编程，使非专业编程人员可快速开发 VR 教学资源。可视化模块包括单模型处理、场景模型处理、UI 处理。在 Unity 3D 开发引擎原有的功能基础上，利用编程技术开发 Unity 插件（Plug-in）以增加特定需求的开发选项。通过接口建立插件与宿主程序之间的联系，实现删除、插入和修改等操作。基于鼠标、键盘等输入操作，如鼠标滑动拖拽、滚轴操作及键盘输入等，建立系列逻辑程序。建立可视化 UI 逻辑，利用封装的 UI 模块编写、操作软件，在此基础上提供方便的接口供用户修改使用；利用 Inspector 视图中对应的 UI 控件的属性，调整其样式以及各个控件间的逻辑构成。技术路线如图 6.1 所示。

　　通过对 Unity 3D 的二次开发，形成无编程 VR 教学资源快速开发平台，并制定相应 VR 教学资源开发标准和规范，降低 VR 教学资源开发技术门槛，满足广大非计算机专业教师自定义 VR 资源的迫切需要。同时，无编程 VR 教学资源开发平台的应用，还可以为更多学校、更多专业实现 VR 教学资源的快速扩展提供条件。

　　无编程 VR 快速开发平台是为普通师生专门开发的快速、便捷、通用的 VR 制作工具，使得非计算机及虚拟现实专业的师生都能具备 VR 内容制作能力。教师使用该工具可以快速地制作大量 VR 教学资源，将传统教学模式升级为"VR＋教学"模式。学生借助该平台可以完成产品的 VR 展示，进行 VR 创新设计，以及参加创新设计大赛等相应赛项的比赛。VR 快速开发平台的 VR 交互内容开发及设计完全不用编程，不用写代码，不用具备编程基础，完全为可视化设计制作，所做即所得。无编程 VR 快速开发平台目前支持设施广泛，包括 zSpace、VR 黑板、多通道立体环幕、PC、手机、平板电脑等设备。

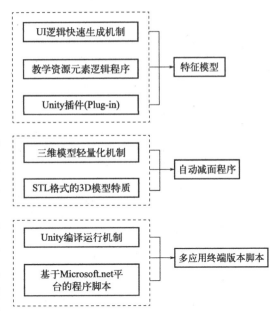

　　平台不采用蓝图形式，不用考虑数据结构等编程术语。平台可完成场景漫游、设备展示、交互实验等多种功能的开发设计，包括场景管理、导入资源、菜单内容、模型相关、功能设置、菜单绑定、运行场景、发布等功能模块。平台支持模型导入，支持单模

图 6.1　无编程快速开发工具技术路线

型互动操作开发：针对导入模型，设置旋转及缩放设计、爆炸动画设计、顺序拆装设计、手动拆装设计、模型剖切设计、标签设计、运动模拟设计、动画录制、背景素材库、背景导入、材质更换（默认材质、金属材质、透明材质、水纹材质、塑料材质、木材材质、石头材质、玻璃材质），支持场景漫游：场景模型导入后，可改变场景内物体的材质，设置漫游设计、鸟瞰设计、动画录制。如图 6.2 所示。

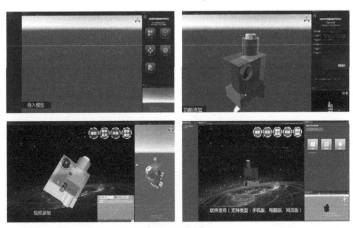

不用编程的开发平台

高兼容性：支持 3ds Max、Pro/E、UG、SolidWorks、Catia、Revit、Maya 等多平台模型导入。

功能丰富：VR 资源内容深度开发，包括旋转及缩放设计、拆装设计、运动模拟设计、高亮设计、标签设计、动画录制、背景导入、场景类互动操作开发等。

快速上手：全中文 UI 设计，开发及设计无需编程基础。

多样发布：支持安卓手机版、PC 网页版、PC 单机版、VR 黑板普通触控 /3D 立体版等。

灵活应用：满足教师个性化 VR 自创需求，学生参与 VR 资源创作研发。

图 6.2　无编程快速开发平台的用途及特点

6.1 平台使用说明

6.1.1 创建项目

① 选择无编程快速开发平台，如图 6.3 所示，输入项目名称，选择项目位置，点击"创建"，路径不可以存在中文。

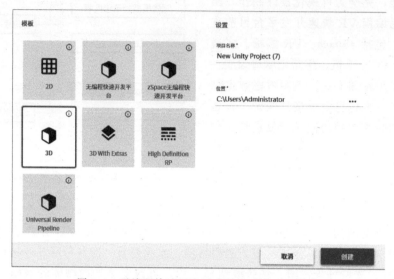

图 6.3 无编程快速开发平台的启动及项目创建

② 加载完成后点击软件上方菜单栏中"开发平台"按钮，即可打开 VR 快速开发平台工作界面，如图 6.4 所示。

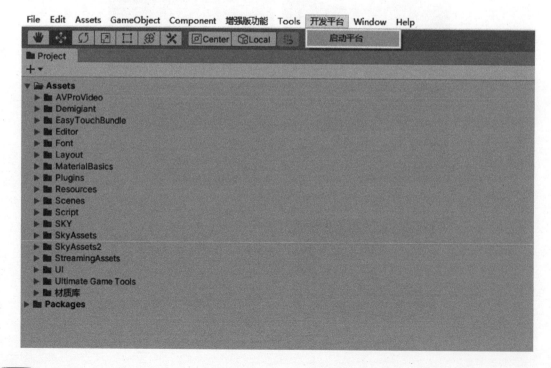

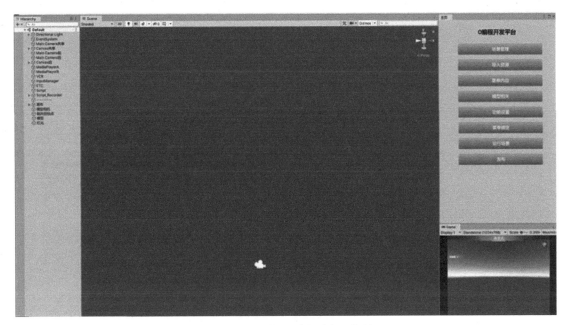

图 6.4　无编程快速开发平台工作界面

6.1.2　快速开发平台界面认知

① 启动平台后默认打开 Default 场景，不要对其进行任何操作，如图 6.5 所示。

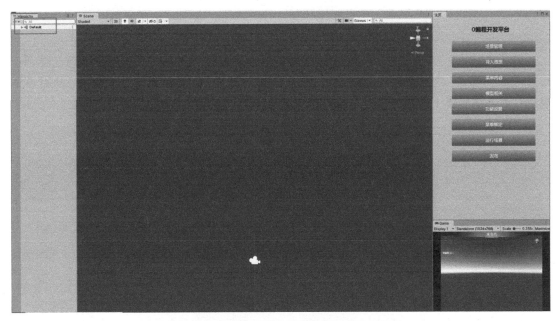

图 6.5　无编程快速开发平台启动后的默认场景

② 对要制作的 VR 教学资源进行分辨率设置，如图 6.6 所示，可以预览发布程序后的实际效果，示例添加 1920 像素×1080 像素和 1920 像素×720 像素来查看电脑和白板的效果。

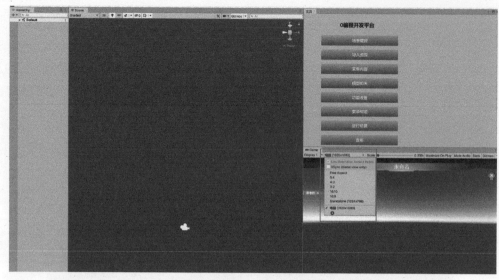

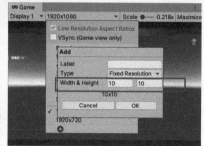

图 6.6　VR 教学资源的分辨率设置

③ Hierarchy（层级）面板用于查看和选中场景中的各种物体，点击场景名称左侧箭头进行展开和折叠，所有物体左侧有箭头标志时都可以展开和折叠，按住 Alt 键进行展开和折叠操作是对该物体下的所有物体进行展开和折叠，如图 6.7 所示。

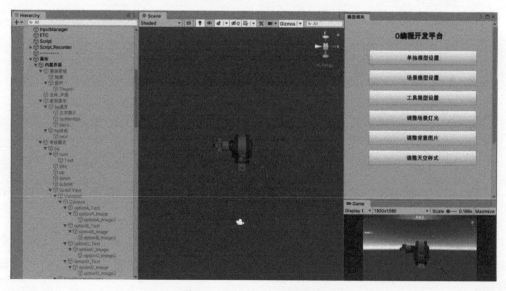

图 6.7　Hierarchy 面板操作

④ Scene（场景）面板中可以实现对各种物体的任意移动选择缩放操作。鼠标移动到各个面板连接处并拖动可以对面板进行自由更改大小；鼠标移动到 Scene 中按下键盘上的 Q 键或长按鼠标中键，可以进行视角拖拽；按 Alt 键＋鼠标左键可以调整视角；在 Scene（场景）中滑动鼠标中键可以拉近视角；鼠标移动到 Scene（场景）中，按下鼠标右键可以上下左右移动进行旋转视角，按下 W、A、S、D 键可以进行移动，如图 6.8 所示。

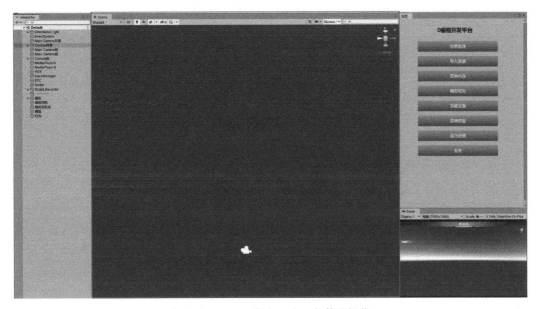

图 6.8　Scene（场景）中对物体的操作

6.2　VR 教学资源制作过程

6.2.1　创建场景

通过"场景管理"下"新建场景"功能按钮，进行场景创建。在无编程快速开发平台中可以进行多个场景内容的制作，场景数量可根据实际情况进行创建，如图 6.9 所示。

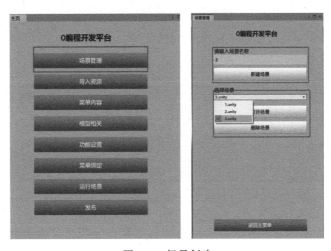

图 6.9　场景创建

6.2.2 导入资源

场景创建完毕后，打开一个创建好的场景→点击"返回主菜单"按钮进入主菜单面板→点击"导入资源"按钮进行资源导入，注意需将 VR 教学资源制作所需素材资源（视频、图片、模型等）全部导入，方便后期调用，如图 6.10 所示。

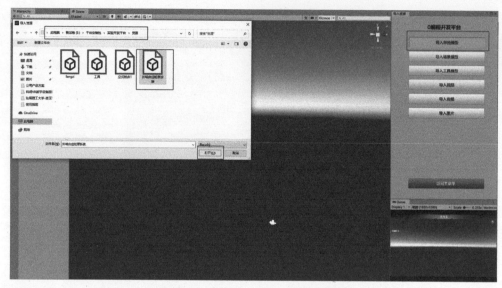

图 6.10　导入 VR 教学所需素材资源

资源导入完成后点击"返回主菜单"按钮进入主菜单面板。

6.2.3 菜单内容

通过"菜单内容"功能按钮进入菜单内容面板，可对菜单内容进行修改、增删等操作，如图 6.11 所示。

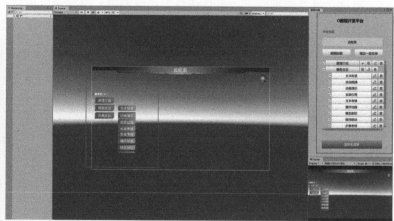

图 6.11　菜单内容编辑

① 菜单内容中设置的标题和菜单是所有场景共用的，点击"编辑标题"可以对标题的内容、文字大小、字体种类、字体样式进行修改。

② 点击"增加一级菜单"按钮就会在 Scene（场景）的菜单栏增加个一级菜单，并且在下方也会出现此一级菜单的几个设置按钮： ➕ 增加子菜单按钮，子菜单可以进行无限添加； 🔍 功能菜单按钮，用于添加 VR 交互功能； ✐ 编辑功能，用于修改菜单名称、文字大小、字体种类、字体样式等。

③ 一级菜单用来跳转场景，功能菜单用于展示具体的交互功能。

④ 菜单内容制作完成后，点击"返回主菜单"按钮，进入主菜单面板。

6.2.4　菜单绑定

菜单内容确定后，需将场景、功能与其进行一一对应绑定，如图 6.12 所示。

在初始操作面板中点击"菜单绑定"按钮→设置绑定场景→设置绑定功能→点击"返回主菜单"→进入主菜单面板。

图 6.12　菜单功能绑定操作

6.2.5　功能设置

通过"功能设置"对创建的场景的内容进行功能开发。

步骤 1：通过"场景管理"功能模块，打开场景 1，制作文字图片等原理介绍，如图 6.13 所示。

打开场景 1→点击"返回主菜单"按钮→进入主菜单面板。

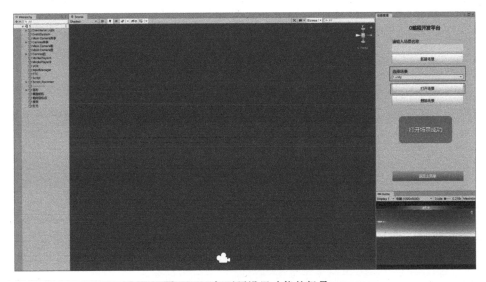

图 6.13　打开要设置功能的场景

点击"功能设置"按钮→"画布内容"→ 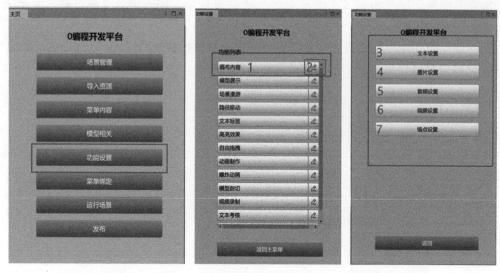，然后通过文本设置、图片设置等功能按钮进行内容添加，如图 6.14 所示。

图 6.14　画布内容设置（顺序 1～7）

① 文本设置。本功能用于添加设备原理文字介绍。输入文字控件名称→添加文字控件→中间视图区域会出现一个文本框，可利用鼠标左键对其位置大小进行更改→添加文字内容→更改文字大小→设置字体种类→设置字体样式→设置字体颜色→设置行间距→设置完成后点击下方"返回"按钮，如图 6.15 所示。

图 6.15　文本设置

② 图片设置。输入图片控件名称→添加图片控件→中间视图区域会出现一个图片框，可利用鼠标左键对其位置大小进行更改→点击右上角"Select"（选择）按钮打开图片库添加前期导入的原理图→设置完成后点击下方"返回"按钮，如图 6.16 所示。

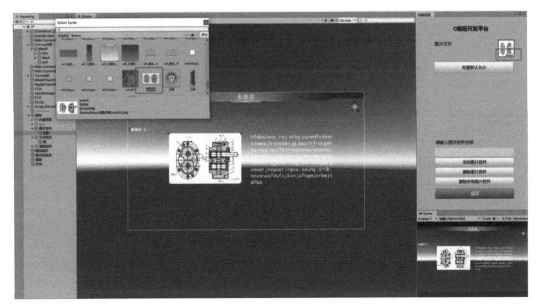

图 6.16　图片设置

③ 音频设置。点击右侧小圆点按钮打开音频库→添加前期导入的音频→添加音频控件→设置完成后点击下方"返回"按钮，如图 6.17 所示。

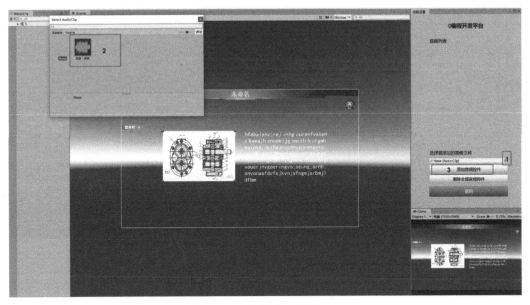

图 6.17　音频设置（顺序 1～3）

④ 视频设置。输入视频控件名称→添加视频控件→中间视图区域会出现一个播放按钮，可利用鼠标左键和 Shift 键对其位置、大小进行更改→设置完成后点击下方"返回"按钮，如图 6.18 所示。

⑤ 锚点设置。锚点设置主要是针对发布手机版，因手机显示尺寸不同，通过此功能设置完成后可在手机上进行自适应。在左侧面板中选择文字或其他控件→点击右侧锚点位置→设置完成，如图 6.19 所示。

图 6.18 视频设置（顺序 1～2）

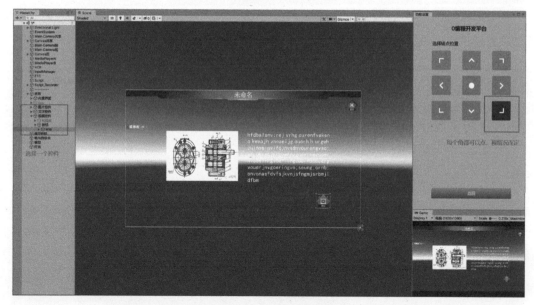

图 6.19 锚点设置

画布内容设置完成后点击"返回"按钮进入功能设置面板→点击"返回主菜单"按钮进入主菜单面板

步骤 2：通过"场景管理"模块，打开场景 2，制作模型交互功能，如图 6.20 所示。

（1）模型相关功能设置

在主菜单面板点击"模型相关"按钮进入模型相关面板→单独模型设置→选择模型进行加载→模型减面→调整模型参数→调整模型材质→设置物体父子关系→更新模型→删除场景模型→返回→进入模型相关面板→点击"返回主菜单"按钮→进入主菜单面板，如图 6.21 所示。

① 加载模型及模型减面。通过"加载模型"功能进行齿轮泵模型加载，如图 6.22（a）

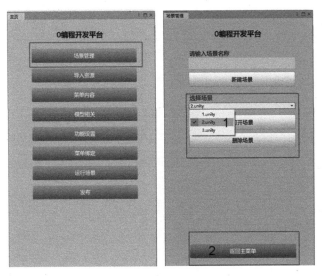

图 6.20　打开场景 2 制作交互功能（顺序 1～2）

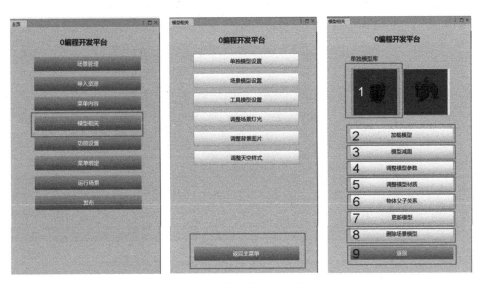

图 6.21　模型相关功能设置（顺序 1～9）

所示。对于体量较大的模型，通过"模型减面"功能进行体量的减少。

② 调整模型参数。针对模型角度及大小进行调整，如图 6.22(b) 所示。

③ 调整模型材质。本功能可以对模型进行模型材质设置，鼠标左键＋Ctrl 键可多选模型零部件进行统一更改；另外，可以通过本功能自主创建模型材质（主要为金属、塑料、玻璃、岩石、木材五类）。

利用鼠标左键＋Ctrl 键对模型零部件进行多选→点击右侧面板中圆点按钮打开模型库→找到所需材质球点击→设置完成。如图 6.23 所示。

④ 设置物体父子关系。本功能主要是应用于后续自己进行动画制作时，针对模型中重复零部件，可以进行统一一次性动画设置，无须进行多次重复设置。如图 6.24 所示。

a. 在中间视图区域选择一个零部件当作父物体（这里选择的是螺母），然后在左侧面板找到其零部件，利用鼠标左键将其拖至右侧父物体位置上。

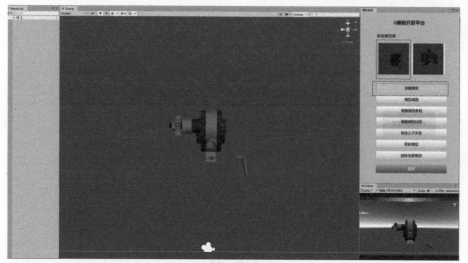

(a) 齿轮泵模型加载

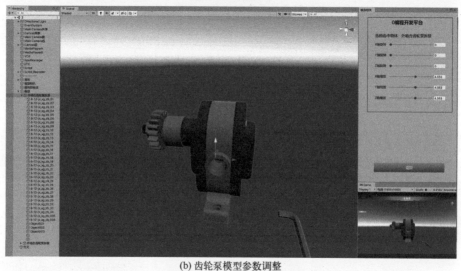

(b) 齿轮泵模型参数调整

图 6.22　加载并调整模型参数

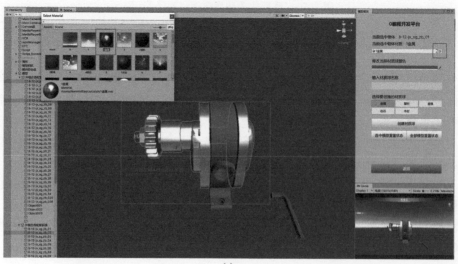

(a)

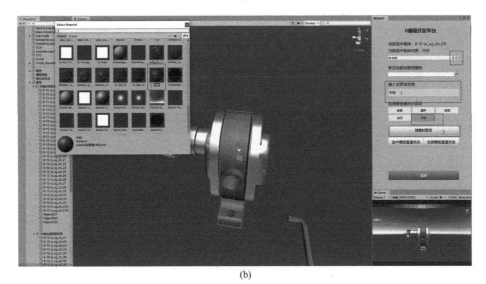

(b)

图 6.23　模型材质调整及设置

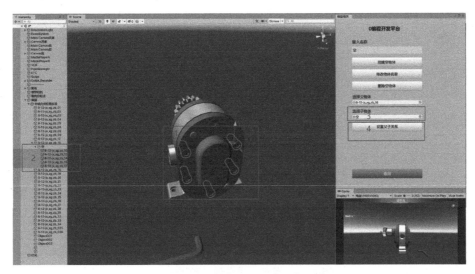

图 6.24　模型各零部件父子关系设置（顺序 1～4）

　　b. 在父物体上创建一个空物体，然后利用鼠标左键和 Ctrl 键在中间视图模型上选择其他要作为子物体的零部件，然后在左侧面板可以看到多个选择好的零部件，利用鼠标左键将其拖至刚才创建的空物体中。

　　c. 在左侧面板找到空物体将其拖至右侧子物体上，点击"设置父子关系"按钮，设置完成。

　　⑤ 更新模型。此模块设置主要是为了防止后续功能制作时发生错误，需要重新加载模型。模型更新时，无须再对基础参数进行设置。选中模型根节点→点"更新模型"按钮，如图 6.25 所示。

　　⑥ 删除场景模型。主要是用于删除场景中加载的多余的模型，如图 6.26 所示。

　　⑦ 返回。模型设置完成后，点击"返回"按钮返回上一级菜单→点击"调整背景图片"按钮用于调整资源发布后显示背景（背景分为两种，一种为系统默认背景，另一种是可导入

图 6.25　模型更新（顺序 1～3）

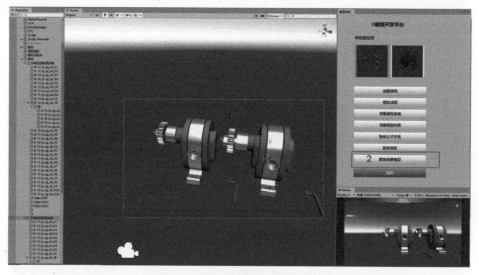

图 6.26　删除多余模型（顺序 1～2）

自己喜欢的图片作为背景）→点击"返回"按钮返回上一级菜单→点击"返回主菜单"按钮返回主菜单，如图 6.27 所示。

（2）功能设置

在主菜单面板点击"功能设置"按钮进入功能面板→选择画布内容→设置"模型展示"→设置"路径移动"→设置"文本标签"→设置"高亮效果"→设置"自由拖拽"→设置"动画制作"→设置"爆炸动画"→设置"模型剖切"→设置"视频录制"→设置"文本考核"→设置"步骤考核"→点击"返回主菜单"按钮进入主菜单面板，如图 6.28 所示。

① 模型展示。本模块是针对模型做旋转、缩放、移动功能设置，如图 6.29 所示。在左侧面板找到模型根节点→长按鼠标左键将模型根节点拖至右侧面板即可→点击"返回"按钮返回至上一级菜单。

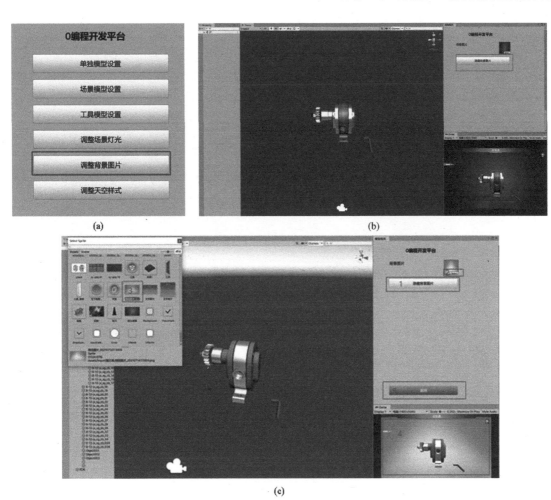

图 6.27　设置资源发布时的背景

图 6.28　场景 2 中齿轮泵的交互功能设置（顺序 1～12）

② 路径移动。

a. 本模块是针对模型进行整体认知功能设置。按 Shift＋Ctrl＋鼠标左键增加路径点，按 Shift＋Alt＋鼠标左键删减路径点。

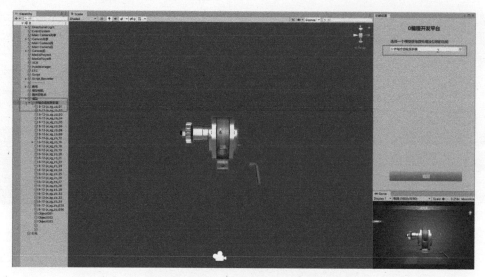

图 6.29　齿轮泵模型展示（顺序 1~2）

b. 点击中间视图区域中摄像机图标打开三维线→按 Shift＋Ctrl＋鼠标左键增加路径点→设置持续时间（指运行时间，视情况而定）→设置循环次数（视情况而定，输入"－1"为无限循环）→设置路径类型（直线或曲线运动，具体选择视情况而定）→设置路径闭环（可选择是否进行闭环运动）→设置相机朝向（有朝向前方和朝向目标点两种，具体选择视情况而定）→设置路径点样式（有坐标轴和球状两种，坐标轴用于调整路径点位置）→运行→预览→没有问题点击"停止"→点击"返回"按钮返回至上一级菜单。如图 6.30 所示。

图 6.30　齿轮泵移动路径设置

③ 文本标签。本模块是对模型零部件添加标签，用来对齿轮泵进行文本说明，如图 6.31 所示。

在中间视图区域选择一个零部件→右侧面板上方输入该零部件名称→添加标签→在中间视图区域会出现该零部件名称（刚添加时标签处于模型中央，利用坐标轴将其移出。键盘

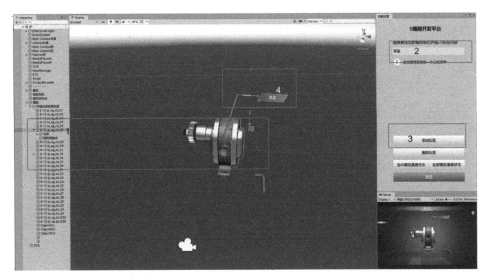

图 6.31　文本标签添加功能（顺序 1～4）

W、E、R 键可以更改标签位置、角度、大小，视情况更改）→没有问题点击"返回"按钮返回上一级菜单。

④ 高亮效果。此模块可添加高亮显示效果，如图 6.32 所示。在中间视图区域选择一个零部件→点击右侧面板下方"添加高亮显示效果"按钮→在右侧面板上方可输入高亮显示的零部件名称和修改高亮显示的颜色→没有问题点击"返回"按钮返回上一级菜单。

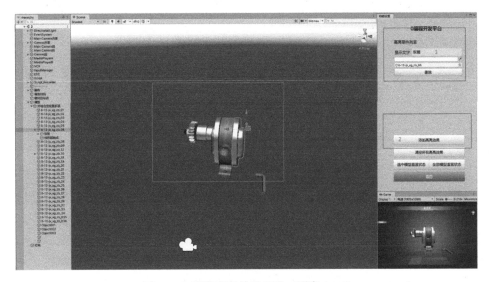

图 6.32　零件高亮效果显示（顺序 1～3）

⑤ 自由拖拽。此模块可以对模型进行自主拆卸功能设置，如图 6.33 所示。

⑥ 动画制作。此模块可用于制作模型的交互动画，分为模型自带动画和手动制作动画两种，如图 6.34 所示。

a. 模型自带动画。选择"启用模型自带动画部分"（后边打钩即可）→点击"动画分帧"按钮→在左侧面板中选择模型根节点并将其拖至右侧面板中根节点位置（下方会显示模型自

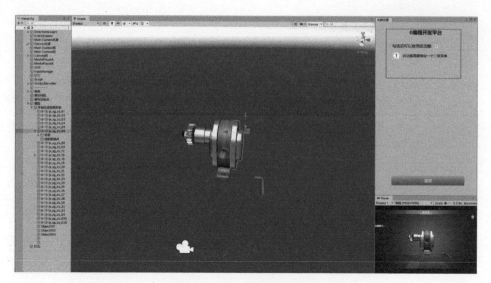

图 6.33　自主拖拽功能设置

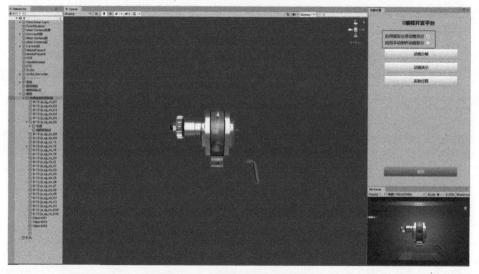

图 6.34　模型动画制作类型

带动画帧数)→在右侧面板下方输入片段名称,设置帧数然后点击"添加分帧"按钮→点击"运行"按钮→点击"预览"按钮观看运行效果→没有问题点击"停止"按钮(若是想单独展示某个零部件的拆分过程但不知具体帧数可点击右侧面板下方"打开动画窗口"按钮会弹出一个具有播放按钮和帧数的界面,获知具体帧数后再进行添加分帧、设置帧数、运行、预览等过程→没有问题点击"返回"按钮返回上一级菜单→点击"动画演示"按钮→选择分帧片段→没有问题点击"返回"按钮返回上一级菜单→点击"实验过程"按钮→点击右侧面板中"添加鼠标点击步骤"按钮(用于播放动画)→选择分帧片段→在左侧面板中选择一个触发条件即选择一个零部件并将其拖至右侧面板中触发物体位置→输入提示信息(即点击哪一个位置动画会运行)→没有问题点击"返回"按钮返回上一级菜单,操作过程如图 6.35所示。

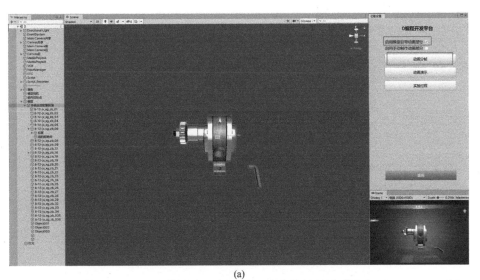

(a)

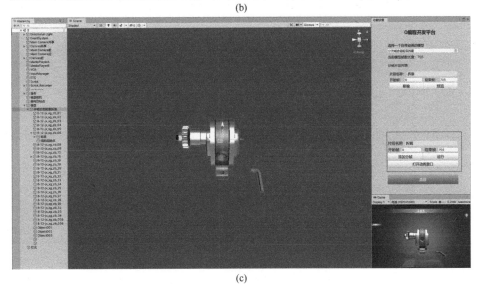

(b)

(c)

图 6.35

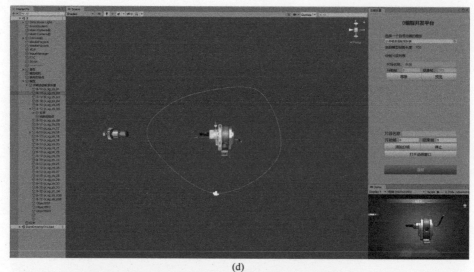

(d)

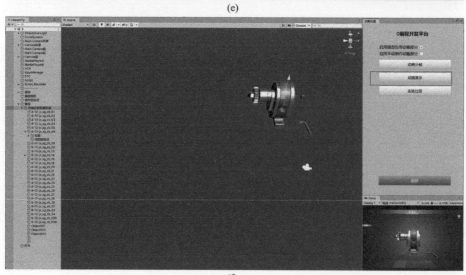

(e)

(f)

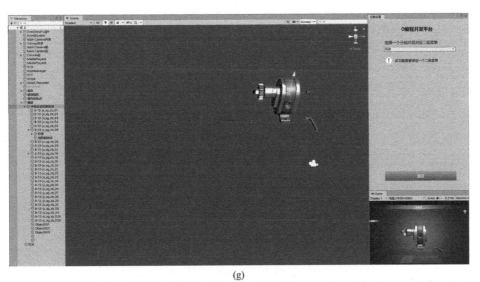

(g)

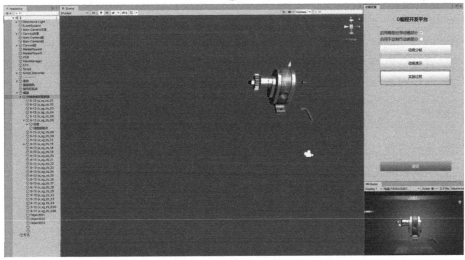

(h)

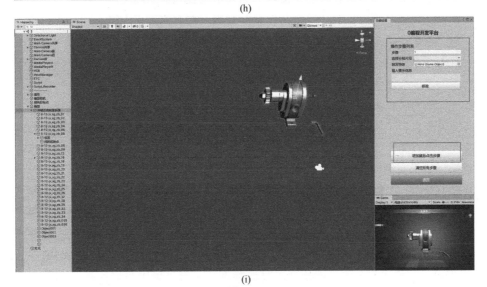

(i)

图 6.35

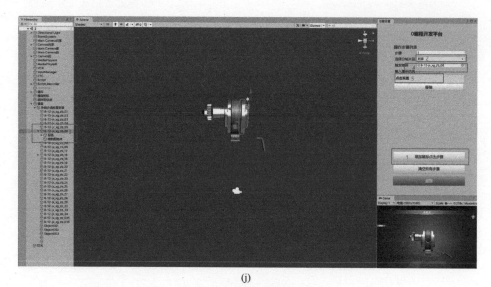

(j)

图 6.35　模型自带动画设置

　　b.手动制作动画。选择"启用手动制作动画部分"（后边打钩即可）→点击"编辑动作"按钮（此部分需考虑物体运动类型，平台提供了位移、旋转、缩放三种供大家选择，这里以螺母拆卸过程为例，螺母拆卸涉及位移、旋转两类）→在右侧面板中输入动作名称"位移1"（这个名称可以随便）→动画类别选择"位移"→选择模型并勾选开始设置初始值（设置完成后将钩取消）→勾选开始设置结束值（设置完成后钩先不要取消）→在中间视图区域移动所选零部件（移动结束后将设置结束值后面的钩取消）→点击右侧面板中"创建动作"按钮→点击右侧面板中"选中模型重置状态"按钮→在右侧面板中输入动作名称"旋转1"（这个名称可以随便）→动画类别选择"旋转"→选择模型并勾选开始设置初始值（设置完成后将钩取消）→勾选开始设置结束值（设置完成后钩先不要取消）→在中间视图区域旋转所选零部件360°（旋转结束后将设置结束值后面的钩取消）→点击右侧面板中"创建动作"按钮→点击右侧面板中"选中模型重置状态"按钮→如果不设置其他动画功能，点击"返回"按钮返回上一级菜单→点击右侧面板中"编辑动作集"按钮→在右侧面板中输入动作集名称→点击右侧面板下方"创建动作集"按钮→在右侧面板下方动作列表中选择位移1动作→设置开始帧和结束帧→点击"添加动作"按钮→在右侧面板下方动作列表中选择旋转1动作→设置开始帧和结束帧→点击"添加动作"按钮→点击"运行"按钮→点击"预览"按钮→没有问题点击"停止"按钮→没有问题点击"返回"按钮返回上一级菜单→点击"动画演示"按钮→选择"螺母拆卸"动作集→点击"返回"按钮返回上一级菜单→点击"实验过程"按钮（此部分分为工具模型在场景中进行操作和工具模型在工具栏中操作两个）→勾选工具模型在场景中进行操作→点击 🖊 按钮→点击右侧面板中"增加鼠标点击步骤"按钮（用于播放动画）→选择分帧片段→在左侧面板中选择一个触发条件即选择一个零部件并将其拖至右侧面板中触发物体位置→输入提示信息（即点击哪一个位置动画会运行）→没有问题点击"返回"按钮返回上一级菜单→勾选工具模型在工具栏中操作→点击 🖊 按钮→在右侧面板下方点击"添加工具"按钮→在右侧面板上方输入工具名称→在左侧面板中选择工具模型并拖至右侧面板中工具模型位置→点击图片文件右侧"Select"按钮打开图形库找到工具模型图片→可设置工具拖拽距离→点击"步骤设置"按钮→点击"增加工具拖拽步骤"→选择动作集→选择工具→在左侧面板中选择触发物体并拖至右侧面板中触发物体位置→输入提示信息→没有问题点击"返回"按钮返回上一级菜单→没有问题点击"返回"按钮返回上一级菜单，如图 6.36 所示，各分图数字表示操作顺序。

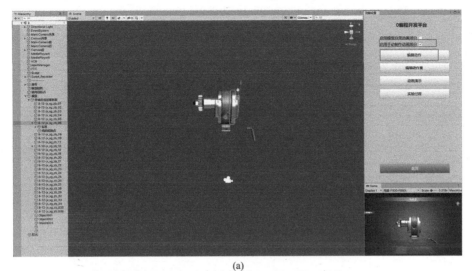

(a)

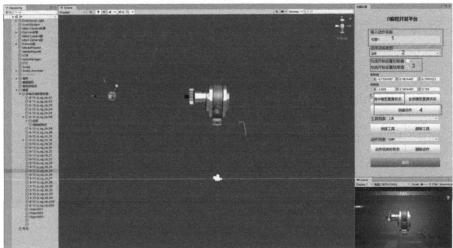

(b)

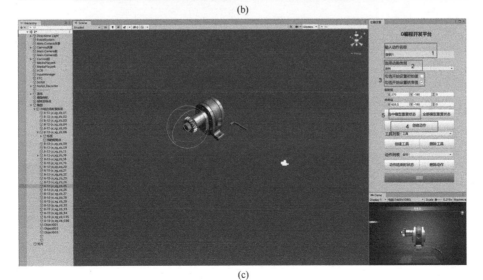

(c)

图 6.36

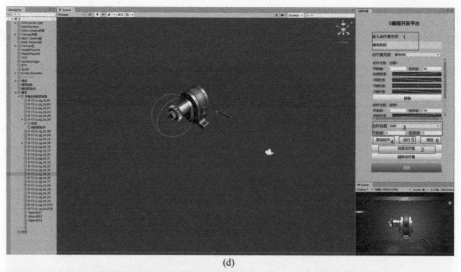

(d)

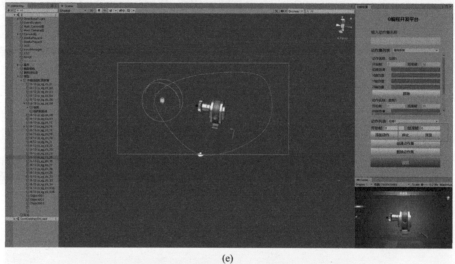

(e)

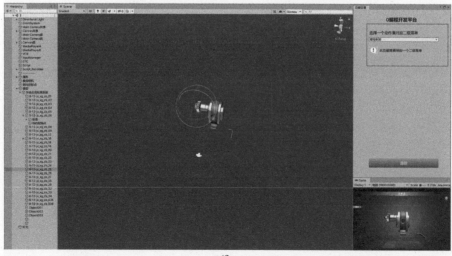

(f)

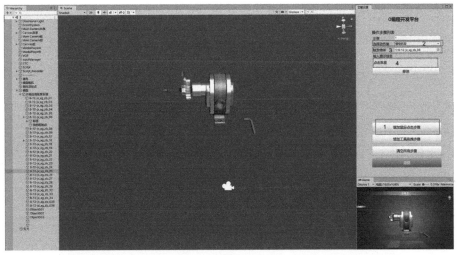

(g)

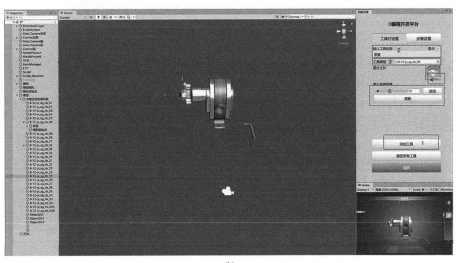

(h)

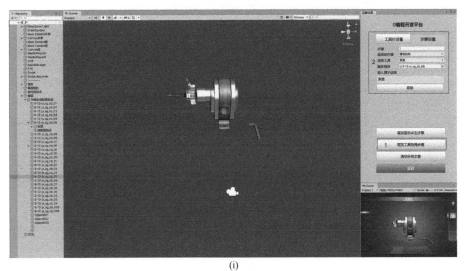

(i)

图 6.36 手动动画制作

⑦ 爆炸动画。此功能是针对模型整体爆炸视图展示功能进行设置，如图 6.37 所示。

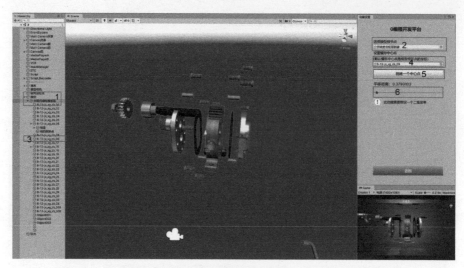

图 6.37　爆炸动画制作

在左侧面板中选择模型根节点并将其拖至右侧面板中根节点位置→在左侧面板中选择一个零部件当作爆炸视图中心并将其拖至右侧面板中爆炸中心点位置→点击"创建一个中心点"按钮→改变爆炸平移距离，同时在中间视图区域也可看到炸开效果→没有问题点击"返回"按钮返回上一级菜单。

⑧ 模型剖切。此功能可以对模型剖切视图展示功能进行设置，如图 6.38 所示。

在左侧面板中选择模型根节点并将其拖至右侧面板中根节点位置→没有问题点击"返回"按钮返回上一级菜单。

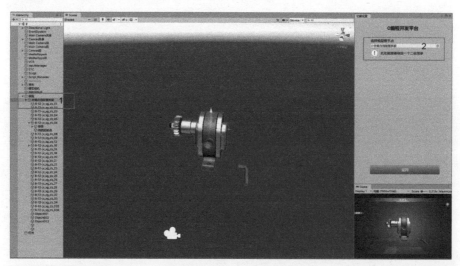

图 6.38　模型剖切设置

⑨ 视频录制。此模块可针对所做的交互功能进行整体录屏，供学生在使用资源前得到一个整体认知，如图 6.39 所示。此视频可添加至场景 1 中进行视频展示。

⑩ 文本考核。教师可利用此模块添加考核试题，用来检验学生对知识掌握的情况，如

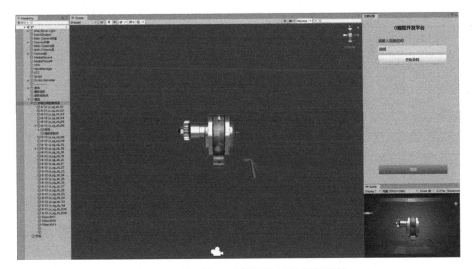

图 6.39　模型交互功能制作过程视频录制

图 6.40 所示。

　　点击"添加题目"按钮→设置考核时间、题目信息、选项内容、分数→预览效果→没有问题点击"返回"按钮返回上一级菜单。

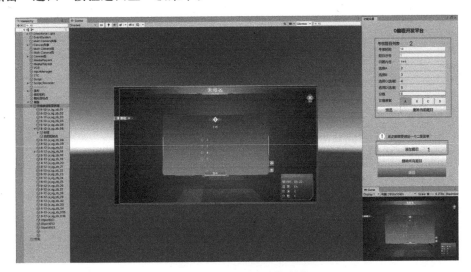

图 6.40　文本考核功能制作

　　⑪ 步骤考核。见图 6.41。

　　⑫ 返回。功能设置没有问题后点击"返回主菜单"按钮返回主菜单。

　　步骤 3：通过"场景管理"模块，打开场景 3，制作仿真实训交互功能（图 6.42）。

　　（1）场景模型设置

　　打开场景 3 后，返回主菜单。在主菜单面板点击"模型相关"按钮进入模型相关面板→场景模型设置→选择模型进行加载→模型减面→调整模型参数→调整模型材质→设置物体父子关系→更新模型→删除场景模型→返回→单独模型设置→选择模型进行加载→模型减面→调整模型参数→调整模型材质→设置物体父子关系→更新模型→删除场景模型→返回→调整场景灯光→返回→调整天空样式→返回→模型相关面板→点击"返回主菜单"按钮→进入主

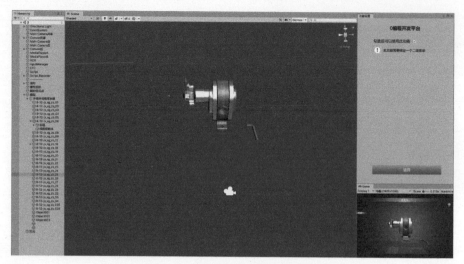

图 6.41　模型拆装步骤考核制作

菜单面板，如图 6.43 所示。

图 6.42　打开场景 3，制作仿真实训交互功能

图 6.43　场景模型设置

① 加载模型，见图 6.44。

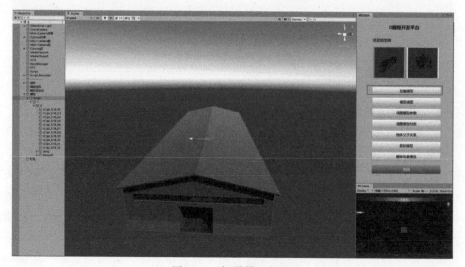

图 6.44　场景模型加载

② 模型减面，见图 6.45。

图 6.45　模型减面设置

③ 调整模型参数，见图 6.46。

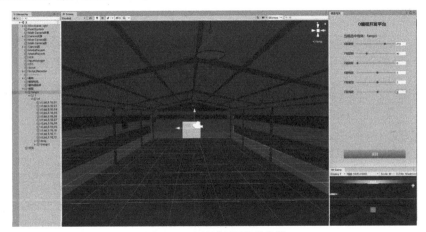

图 6.46　调整场景模型参数

④ 调整模型材质，见图 6.47。

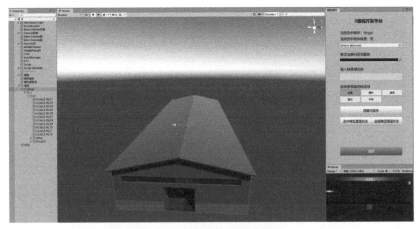

图 6.47　场景模型材质调整

⑤ 设置物体父子关系，见图 6.48。

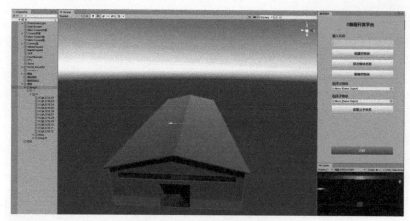

图 6.48　物体父子关系设置

⑥ 更新模型。

⑦ 删除场景模型。

⑧ 点击"返回"按钮返回上一级菜单→点击"调整场景灯光"按钮用于调整场景亮度（有点光源和聚光灯两种，根据情况选择即可）→点击"返回"按钮返回上一级菜单→点击"调整天空样式"按钮用于调整场景外部环境（平台提供了 9 种样式以供选择）→点击"返回"按钮返回上一级菜单→没有问题点击"返回主菜单"按钮返回上级主菜单，如图 6.49 所示。

(a)

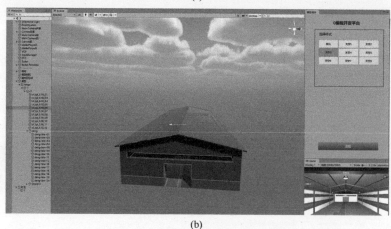

(b)

图 6.49　场景亮度和外部环境设置

（2）功能设置

① 场景漫游功能制作。在主菜单面板点击"功能设置"按钮进入功能设置面板→设置"场景漫游"（此模块是对场景类模型进行漫游认知功能设置的）→选中"勾选后可以使用此功能"→点击"返回"按钮进入功能设置面板，如图 6.50、图 6.51 所示。

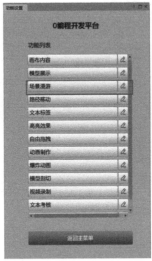

图 6.50　场景漫游功能设置

图 6.51　场景漫游制作

② 动画制作。参考场景 2 中动画制作过程，如图 6.52 所示。

③ 文本考核。参考场景 2 中文本考核添加过程，如图 6.53 所示。

④ 步骤考核。参考场景 2 中步骤考核添加过程，如图 6.54 所示。

⑤ 返回。功能设置没有问题后点击"返回"按钮返回上一级菜单→没有问题点击"返回主菜单"按钮返回上级主菜单。

注：仿真实训模块也可添加爆炸动画、路径移动等交互功能，根据制作情况而定，另外场景漫游与模型展示功能不可同时添加。

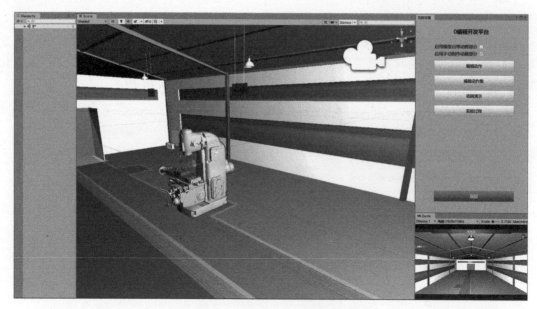

图 6.52　场景 3 中动画制作

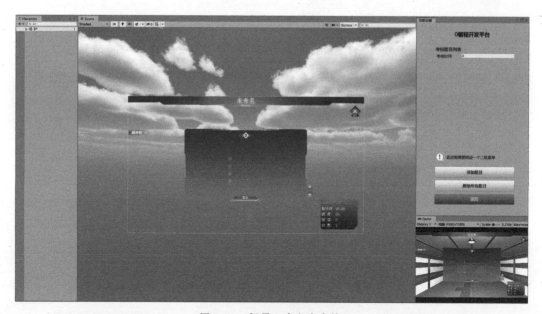

图 6.53　场景 3 中文本考核

　　步骤 4：运行场景，即在 3 个场景中的设置完成后，可进行不同类型的 VR 教学资源的运行。

　　点击主菜单"运行场景"按钮→点击"停止场景"按钮→点击"发布"按钮→输入资源名称，选择版本进行发布（可发布电脑版、安卓版、网页版、白板版，可根据需求自主选择发布，也可选择一键发布所有。）。VR 教学资源发布及展示，如图 6.55～图 6.57 所示。

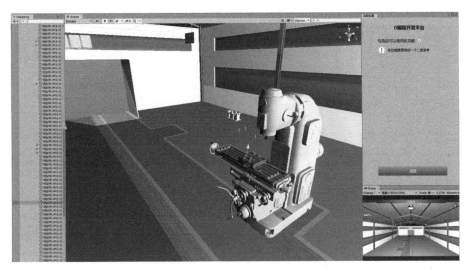

图 6.54　场景 3 中步骤考核

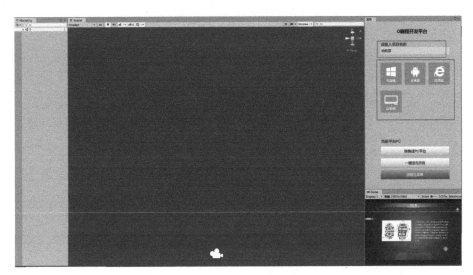

图 6.55　VR 教学资源发布类型

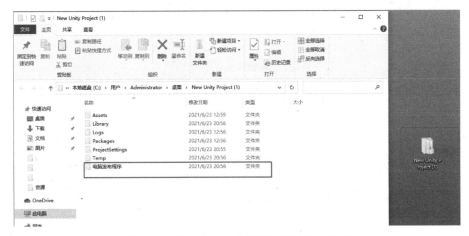

图 6.56　发布的 VR 教学资源保存位置设置

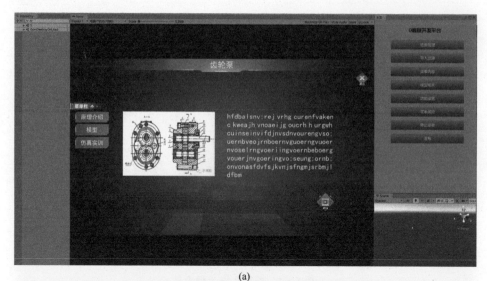

(a)

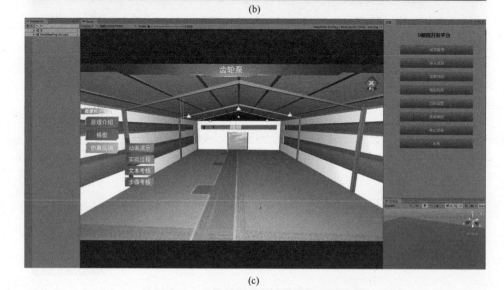

(b)

(c)

图 6.57　不同场景的 VR 教学资源展示

6.3　快速开发平台的应用

　　一线专业教师、在校学生通过简单入门培训（如图 6.58 和图 6.59），即可动手参与开发 VR 教学资源，因此可以快速建立 VR 教学资源开发队伍，实现 VR 教学资源的高速扩容与知识广度的有效增加。VR 教学资源开发实训室如图 6.60 所示。

图 6.58　教师培训

图 6.59　学生培训

图 6.60　VR 教学资源开发实训室

　　一线教师通过参与 VR 教学资源开发（图 6.61），可有效提升教学信息化能力，也可通过开发 VR 教学资源参加教学竞赛、信息化技能大赛等或申请教研项目，进行课程的教学改革。

　　教师参与开发的部分课程 VR 教学资源如图 6.62 所示。

　　学生通过参与 VR 教学资源开发，一方面可以培养发现、思考和解决问题的能力，提高对所学专业知识的理解和兴趣；另一方面，可以发展创新思维能力和提高实践技能。学生也可使用开发的 VR 教学资源参加科技竞赛。学生参与 VR 资源开发如图 6.63 所示。

图 6.61　教师参与 VR 资源开发

图 6.62　教师参与开发的部分课程 VR 教学资源展示

图 6.63　学生参与 VR 资源开发

学生参与开发课程 VR 教学资源，可以增加对专业知识的理解和 SolidWorks、3ds Max 等专业软件的应用水平。也可以通过无编程快速开发平台开发 VR 作品，参加各类专业技能竞赛，图 6.64～图 6.66 为学生参加各种科技创新设计竞赛的应用示例。

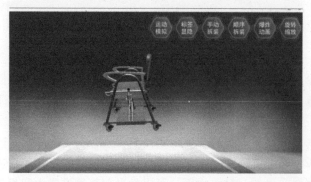

图 6.64　一种电动椅的 VR 资源

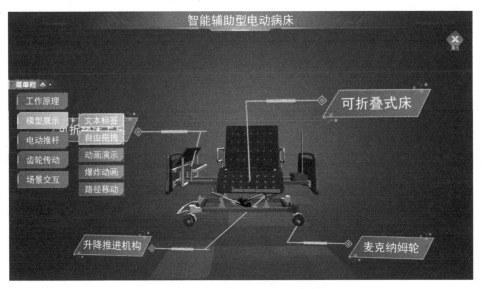

图 6.65　智能辅助型电动病床

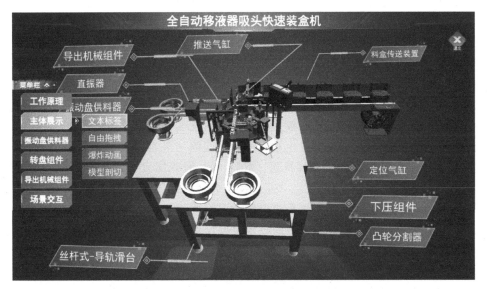

图 6.66　全自动移液器吸头快速装盒机

第 7 章
3D 版教材开发

教材作为教学的重要资源，与时代契合、随技术升级是实现高质量教学的重要保障。目前，机械工程专业的教材主要还是以传统纸质教材为主，在呈现形式上主要是文字、表格和图片等静态形式，这种传统的教学资源已经不能满足当前形势下教学的需求。传统纸质教材还具有更新难度大、更新周期长等缺点，教材内容的更新速度往往滞后于技术发展的速度，不能满足时代要求与师生需求。

党的二十大报告首次将"推进教育数字化"写入报告，明确了教育数字化未来发展的行动纲领。教材数字化和教育教学资源数字化是教材建设工作的重要组成部分。

当前高校的教育教学形态正在发生重大变革，国家对教材建设的重视程度也日益提升，高校教材建设迎来了新的发展形势和机遇。2018 年，教育部发布《教育课程教材改革与质量标准工作专项资金管理办法》，提出"开展数字教材等新形态教材的研发、试点和推广"。新形态教材是高校高质量人才培养体系建设的重要组成部分和支撑。为了适应新工科背景下机械工程专业的发展需求，需要融入新的技术成果，建设与信息时代发展相匹配的专业教材和教学资源，作为对传统纸质教材和课堂教学的有益补充。

"教材即教学材料，主要是指依据教学大纲和教学实际需要为教师、学生选编的教科书、讲义、讲授提纲、参考书目、图片、教学影片、唱片、录音、录像以及计算机软件等。"[45] 现代信息技术的发展极大地推动了教材形态的变化，使教材由单一的纸本呈现形态到静态的数字化形态，再到动态的、交互性的数字化形态转变。有学者认为，从书本向录像、从文本向视窗的文化转移，带动着认知活动的迁移[46]。作为课程教学的重要载体，教材的形态变化必将促进课程教学的变革。

国内外学者围绕新形态教材的概念展开了诸多探讨，并取得了不少富有启发性的研究成果。美国学者 Jia Frydenberg 和 Gary W. Matkin 认为新形态教材是一种开放动态的连续体[47]：在这个连续体的一端，是一本物理形态的教材，它被简单地数字化并放到网络上，任何人都可以看到；在另一端，是集授课视频、教材文本、学习资源、考评环节于一体的超级开放课程。国外也有学者采用实证研究方法尝试提出新形态教材的概念及其包含的基本要素。如瑞典有学者认为，可以把当前新形态的教材叫作"协同数字教材"，它是一种协作的、动态的数字工作环境，在这个环境里，教师和学生可以参与讨论和反馈、测试知识和监控结果。除了知识内容，教材还包含演示辅助工具、处理文本的工具、交流工具和教师工具等要素[48]。还有学者认为，数字教材的概念模型包括知识内容、多媒体和交互性、教材呈现格式及开放资源软件四个要素[49]。

近年来，随着新形态教材在中国的出现和蓬勃发展，国内学者也尝试对新形态教材进行概念界定。最开始提出了电子教材的概念，就是简单将纸本教材以 PDF 等静态格式放到网络上。后来提出了一体化教材概念，即以纸质教材为核心，依托在线平台搭建课程资源，通过云端联结在线课程和课堂教学，构建起"纸质教材、在线课程、混合式学习"三位一体的一体化教材或立体化教材概念[49]。一体化教材是互联网＋背景下数字化教材和传统教材相结合的一类教材，它既保留了符合传统阅读方式的纸质教材，又融合了交互性好的数字教材[50]。现在有学者提出了全媒体数字教材概念。全媒体数字教材是数字化时代阅读与学习方式的变革，其将"教学内容＋教学管理平台＋阅读终端"三要素集成一体，不仅改变了教学内容的媒体呈现，更重要的是改变了学生、教师、教学内容三者之间的交互方式，实现教、学、测、评、管、服、研的全部教学活动[51]。从纸质教材、静态电子教材、一体化教材到全媒体数字教材，教材内容愈加丰富，教材形态愈加多样。

无论国外还是国内，目前尚未形成一致、明确的新形态教材概念。随着大数据、人工智能等高科技的进一步开发应用，新形态教材的概念、特征及功能一定会发生新的变革，且将在相当长的时期内处于动态变化中。

针对传统纸质教材存在互动性较差、更新速度慢等问题，通过虚拟现实、增强现实等技术与纸质教材的深度融合，以纸质教材为基础，将纸质教材中的知识点开发成 VR 教学资源，并将 VR 资源放置在云平台上。在知识点旁放置二维码，将 VR 教学云平台上 VR 教学资源和纸质教材上知识点相关的二维码关联起来。通过手机扫描二维码，学生可在手机上对三维可视化的教学资源进行学习，形成平台、资源、终端结合的 3D 版教材。这种方式给学生带来更加直观、生动的立体视觉冲击，做到教学内容立体化、生动化，实现"教师易教、学生易学"的教学目的，可以有效降低学生的认知负荷，提高学生的学习兴趣和主动性。

3D 版教材是通过 VR 教学云平台和网络技术将纸质教材与 VR 教学资源有机联系的新形态教材，具有纸质教材体系完整、数字资源呈现多样等特点。在编写理念、内容形式等方面突破了传统教材的模式，可以满足教师课内课外教学、学生线上线下学习等信息时代的教学新需求，为高等教育信息化的教与学提供了全方位、立体化的支撑。

7.1　3D 版教材的内涵和特征

教育部在加快建设高水平本科教育的政策文件中指出：要重塑教育教学形态，推动课堂教学革命，以学生发展为中心，构建线上线下相结合的教学模式；要加强教材研究，创新教材呈现方式和话语体系[52]。

7.1.1　3D 版教材的内涵

与传统教材相比，3D 版教材以学生发展为中心，具有灵活性、开放性和动态性优势。

（1）以学生发展为中心，满足当代大学生学习需求

目前我国提出要重塑教育教学形态，其核心理念也就是要变革传统单纯以教师为中心的传授范式，倡导推广以学生发展为中心的学习范式。教材作为课程教学内容的载体，当然也

要体现以学生发展为中心的教学理念，支持和促进高校教学改革发展。

针对机械工程专业传统纸质教材中存在的工作原理、内部结构、工作过程等展示性差、互动性差、更新速度慢等问题，利用 VR 技术开发颗粒化知识点的三维互动资源——VR 教学资源，实现知识点由 2D 到 3D 的转化、静态到动态的转化，使结构、运动等知识呈现立体感，以三维可视化、交互操作的形式展现，为学生提供立体可视化的直观交互式沉浸学习空间，用多种教学元素刺激学生的感官，激发学生的创造性思维，让学生对所学知识产生兴趣。3D 版教材提供了教学配套资源，包括知识点讲解、拓展素材、交互式学习资源等，使知识呈现实现多样化和情景化，体现知识的真实性与动态性，符合人的认知规律和互动学习需求，尤其适合当今学生的学习特点，满足学生学习的需求。

（2）拓展学生自主学习的途径，实现资源的共享和传播

为了适应科学技术的飞速发展，终身学习能力已成为人才必备基本素质。培养学生自主学习的能力，对传统教学提出了突破课堂教学局限、打破学校围墙界限的挑战。3D 版教材构成了教材、课堂、教学资源三者融合的立体化形式，打破了学生学习时间和空间的限制，沉浸体验式的学习资源拓展了学生自主学习的途径。

基于 VR 教学云平台的 VR 教学资源，克服了教学资源的地域局限。由于 VR 教学云平台上的 VR 教学资源具有便捷性和共享性等特点，3D 版教材可实现教学资源校际、社会的广泛传播，可惠及更多的自主学习者，可提高优质教学资源的使用率，节约教材建设的人力资源成本。

（3）以培养学生的专业素养为最终目标，适应快速变化的社会发展需求

现在是信息大爆炸的时代，知识更新的速度越来越快，只有不断学习才能跟得上时代的进步与发展。社会对于人的知识结构、能力结构都有了更高要求，只有不断学习、快速适应，才能保证不被历史所淘汰。

3D 版教材根据课程教学大纲的教学要求，对各知识点进行系统化、专业化规划，结合行业应用场景，开发 VR 教学资源，实现基础理论知识、行业发展和实践的兼顾，满足了教材内容适时更新的要求。学生通过 VR 教学资源学习最新的专业技术知识，并能"走进""场景"、"走进""设备"，并可在体验式场景中进行交互操作，有效缩短了和行业主流技术的距离。通过交互操作，可有效提升专业素养技能，毕业后能快速适应社会的需求。

7.1.2　3D 版教材的特征

在数字化、网络化、富媒体性、交互性、构想性、沉浸性等现代信息技术特性影响下，3D 版教材呈现出了不同于传统纸质教材的特征，体现了以学生发展为中心，以内容体验为核心，以媒体融合为亮点的理念，其显著特征是知识更新的及时性、学习内容的丰富性和学习环境的可交互性等。

（1）知识更新的及时性

3D 版教材的一个重要特征是可以及时地对教材知识进行更新。传统纸质教材知识更新慢，影响课程教学效果。从作者新编、修订教材到出版社印刷发行再到最后把教材发给学生，过程复杂，一般要很长时间才能完成一次教材的新编、修订、发行。这样的模式和速度无法适应知识增长的现实和高校教学的实际需要，3D 版教材的出现弥补了纸质教材的这一缺陷。数字化是 3D 版教材的重要呈现方式，它可以随时对放置在云平台上的 VR 资源进行优化升级，及时纳入专业学科和行业的前沿成果，以最快的速度呈现给学生。

（2）学习内容的丰富性

3D 版教材的一个突出特征是学习内容的丰富性。在文本教材中嵌入二维码为学生提供了传统纸质教材以外的立体化、多样化的延伸电子资源，包括知识点讲解、拓展素材、交互式学习资源等，弥补了纸质教材版面有限、传播模式单一的不足。在教材知识点对应的 VR 教学资源的建设中，除了知识点本身的基本内容，将应用场景也列入资源建设，使知识呈现实现多样化和情景化，体现知识的真实性与动态性。学生可以随时随地通过 PC、手机、PAD 等多种智能终端进行学习。3D 版教材不仅为学生提供了丰富的学习资源，还为学生学习带来了前所未有的方便，使学生获得全新的学习体验，提高学习效率。国外对此开展了不少实证研究，如美国一位学者就新形态教材在某高校课程教学中的使用效果对教师及学生进行调查后认为，新形态教材内容丰富性使其可以代替传统的教科书，使用新形态教材有利于提高学生的学术成绩[53]。

（3）学习环境的可交互性

与静态、单一的传统纸质教材相比，提高了学生学习的兴趣。3D 版教材以 VR 教学云平台为中心，形成了一个数字化的沉浸体验式学习环境，这个环境由教材文本内容、VR 教学资源、教学云平台、教师、学生及应用终端等要素构成，并实现了可交互性。学生通过应用终端扫描纸质教材上的二维码，可以对教材知识点对应的沉浸体验式 VR 教学资源进行人机交互，随意缩放、旋转、互动拆装等，学生可以全方位、直观地观察高度逼真的设备外形及内部结构、工作过程等，且可沉浸在场景中，对场景中展示的内容产生沉浸式体验。这种沉浸体验式性学习方式可以极大提高学生学习的兴趣和主动性，加深学生对知识点的理解。

7.2　3D 版教材开发设计方案

3D 版教材应紧紧围绕立德树人根本任务，通过 VR/AR 技术与纸质教材的深度融合，采用"教学云平台＋纸质图书＋VR 教学资源"的设计开发思路，将教学云平台上的 VR 教学资源配合纸质教材一起为读者提供优质的教学服务。通过纸质教材和 VR 教学资源的一体化设计，充分发挥纸质教材体系完整、VR 教学资源多样和服务个性化的特点，通过网络技术以及新颖的版式设计和内容编排，建立纸质教材和数字化资源的有机联系，支持学生用移动终端开展学习，形成相互配合、相互支撑的知识体系。

3D 版教材应在结构内容上为学生提供一个系统完整、逻辑清晰、表述准确、紧跟时代、理论密切联系实际、融入正确价值导向的知识体系。在建设理念上以学生发展为中心。开发流程分为四个阶段：调研与策划、文本资料编写和 VR 教学资源开发、VR 教学云平台建设、统稿和教材发布阶段。

① 调研与策划：通过召集专业课教师和学生座谈会，收集目前使用的教材在"教"与"学"的过程中存在的问题，对课程进行总结反思，优化课程内容。对同类教材进行调研，研究教材的共性和差异性、适用性和局限性，找到开发教材的方向和创新点。根据专业课程的教学目标，由专业任课教师确定教材的内容，制定教材编写大纲，并明确教材中哪些知识点需要进行 VR 教学资源开发，知识点具体的教学形式、学习形式、练习形式等，形成资源建设方案。

② 文本资料编写和 VR 教学资源开发：专业课教师根据教材编写大纲，进行教材文本资料的编写，并按照 VR 教学资源建设方案，实施素材制作和资源开发，每个资源按照策

划、脚本设计、建模、动画、特效、交互、集成等步骤进行开发与建设，保证资源的优质、准确、科学、合理。

③ VR教学云平台建设：目前VR教学资源平台存在需下载插件、需本地下载、下载时间长、对用户带宽及用户终端配置要求高等问题，针对以上问题采用虚拟化技术，建设VR教学资源支撑云平台，对VR教学资源进行管理与运行。

④ 统稿和教材发布阶段：文本资料编写完成后，对编写内容进行整合和通读，统一全书体例和语言风格，对全书进行优化整理。在纸质教材知识点旁边的空白处放置二维码，二维码链接教学云平台上的VR教学资源，在手机上实现学习内容的三维可视化，直观、形象地展示知识点，学生可以进行互动操作，如图7.1所示。

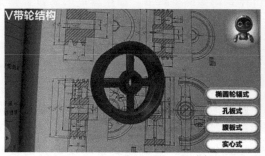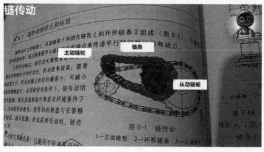

图7.1　3D版/AR版教材中知识点对应的VR教学资源

7.3　3D版教材开发的内容

在传统纸质教材基础上，通过AR/VR技术，将抽象、枯燥、难以理解的内容转化为生动、立体、可交互的形式，学习者通过手机、PAD等移动设备扫描纸质教材特定图案、文字时，会呈现相关三维立体图像，且支持旋转、放大、缩小、移动、拆解等操作，并配合音频、文字、动画、流程图、交互式信息处理界面等形式帮助学习者形象理解纸质教材的内容，同时提供视频展示、场景展示、情境分析、交互实训和模拟演练等其他多类型信息化资源，增强教材使用的直观性、趣味性和交互性，对纸质教材体系框架形成有力补充。下面以"数控加工技术"课程为例，讲解3D版教材开发的内容。

传统的"数控加工技术"课程中涉及设备结构复杂、原理难懂的工程问题，且工作过程不可见，易使学生产生学习晦涩、无味甚至厌学的情绪。目前，课程教材需解决的主要问题有：

① 学生学习自主性不足。该课程理论知识较抽象，教材中的图都是二维平面图，学生对数控设备内部结构及加工过程缺乏直观性的感知，对数控加工程序中的对刀、编程指令、加工过程等不理解，学习过程中容易失去兴趣和信心，自主性不足。

② 课程教学资源除参考纸质教材以外，以多媒体课件为主，课堂教学易产生互动性差，教学内容单调乏味，教学效果较差等问题。

根据传统的"数控加工技术"课程教材存在的问题，可以充分利用虚拟现实（VR）、增强现实（AR）等技术开发VR虚拟仿真教学资源，形成"数控加工技术"课程3D版新形态教材（表7.1）。

表 7.1　"数控加工技术"课程颗粒化 VR 教学资源功能和开发内容示例

名称	功能和开发内容
"数控加工技术"课程颗粒化 VR 教学资源	一、功能 1.根据课程教学大纲要求，筛选知识要点，基于 VR 技术，将主要知识要点附加到三维模型之上，综合采用三维动画、三维模型、三维交互、二维互动等多种形式，系统化构建颗粒化 VR 教学资源，实现知识内容的三维可视化，交互操作方便。 2.资源部署在 VR 教学云平台上，学生使用手机扫描 3D 版教材中二维码，三维资源即显示在手机上，学生可以触摸操作旋转、缩放结构模型，观看工作原理及操作过程。 3.资源支持普通 PC、多点触控屏、VR 黑板使用，有普通/立体显示一键切换功能，立体状态下，学生佩戴 3D 眼镜可以看到悬浮于空中的模型立体效果，教师可以通过空中鼠标进行互动操作。 4.支持 PPT 链接 VR 资源包，PPT 演示中，可随时触发 VR 资源，进行触摸互动操作，包括模型交互、动画交互等。 5.模型展示：三维模型可以通过触摸操作自由旋转、缩放、平移观察。 6.知识热点：模型结构弹出图文介绍等。 7.三维动作：模型动态播放拆装、工作原理等过程，同时可以通过触摸任意旋转、缩放观察模型等，自由控制播放进度。 8.三维动画：形象化展示工作原理、运动过程等，可自由控制播放进度。 9.平面互动：二维画面动态展示运动过程。 10.二维、三维结合展示知识要点。 二、开发内容 1.三种运动轨迹：点位控制、直线控制、轮廓控制，三维动画展示； 2.小型汽油机箱体加工中心工序的加工要素：加工上端面、加工化油器连接孔、加工销孔、加工螺纹孔，模型展示、剖切展示； 3.采用定比传动装置的主传动：模型动画展示； 4.采用电主轴的主传动：模型展示，剖切展示； 5.主轴常用的几种滚动轴承的结构型式：双列圆柱滚子轴承、双列推力角接触球轴承、双列圆锥滚子轴承、带弹簧的圆锥滚子轴承、带凸轮的双列圆柱滚子轴承，模型展示、剖切展示； 6.主轴轴承常见的三种配置形式：模型展示，剖切展示，文字说明； 7.7：24 锥度刀柄与主轴连接的结构与原理：模型动态展示、结构名称标签、文字说明； 8.7：24 锥度刀柄与主轴连接过程：模型动态展示、结构名称标签、文字说明； 9.普通刀具和 Big-Plus 刀具系统的比较：模型动态展示、文字说明； 10.偏心轴套调整法：模型动态展示、结构名称标签、文字说明； 11.滚珠丝杠螺母副的原理：模型动态展示、文字说明； 12.常用的外循环方式——插管式、螺旋槽式、端盖式：模型动态展示、文字说明； 13.垫片两种预紧方式：模型动态展示、剖切展示； 14.环氧耐磨涂层导轨在机床上的应用形式：模型展示、剖切展示、结构名称标签、文字说明； 15.数控分度工作台：模型动态展示、文字说明； 16.数控回转工作台：模型动态展示、文字说明； 17.鼓（盘）式刀库刀具的布局形式：模型动态展示、文字说明； 18.链式刀库：模型动态展示、文字说明； 19.机械手换刀过程的分解动作：模型动态展示、文字说明； 20.直线电动机外形：模型动态展示、文字说明； 21.卧式车床工艺范围：模型展示、剖切展示、结构名称标签、文字说明； 22.零件图：直线插补指令加工外圆柱面，仿真视频展示； 23.刀尖圆弧半径补偿实例：仿真视频展示； 24.工件零件图：螺纹轴加工，仿真视频展示； 25.子程序调用实例：仿真视频展示； 26.加工零件图：加工螺纹、锥面、外圆、圆弧，仿真视频展示； 27.半径补偿举例：仿真视频展示； 28.零件图：支承座加工示例，仿真视频展示； 29.支承座零件图：仿真视频展示； 30.盘类零件图：加工示例，仿真视频展示； 31.开环控制数控机床：二维动画演示； 32.闭环控制数控机床：二维动画演示； 33.半闭环控制数控机床：二维动画演示；

名称	功能和开发内容
"数控加工技术"课程颗粒化 VR 教学资源	34. 箱体加工定位夹紧原理图：模型展示、定位高亮、夹紧高亮、剖切展示； 35. 夹具示意图：模型动态展示； 36. HSK 刀柄与主轴连接结构与原理：模型动态展示、结构名称标签、文字说明； 37. 偏心轴套调整法：圆柱齿轮传动消除尺侧间隙的方法，模型动态展示、结构名称标签、文字说明； 38. 轴向垫片调整法：斜齿轮传动消除齿侧间隙的方法，模型动态展示、结构名称标签、文字说明； 39. 轴向压簧调整法：斜齿轮传动消除齿侧间隙的方法，模型动态展示、结构名称标签、文字说明； 40. 内循环滚珠丝杠：模型动态展示、剖切展示、文字说明； 41. 直线滚动导轨：模型展示、剖切展示、文字说明； 42. 回转刀架：模型动态拆装展示、文字说明； 43. 盘形回转刀架：组装动态展示、文字说明； 44. 无机械手换刀：模型展示、原理动态展示、文字说明； 45. 逐点比较法插补过程：平面动态展示； 46. 逐点比较法圆弧插补：平面动态展示； 47. 三相单三拍供电方式：模型动态展示； 48. 三相六拍供电方式：模型动态展示； 49. 增量式光电脉冲编码器：模型动态展示、文字说明； 50. 数控车床：模型展示、结构名称标签、文字说明； 51. 外径、内径切削循环：二维动画展示； 52. 圆锥面切削循环：二维动画展示； 53. 平端面切削循环：二维动画展示； 54. 锥端面切削循环：二维动画展示； 55. 粗车复合循环 G71：二维动画展示； 56. 粗车复合循环 G72：二维动画展示； 57. 粗车复合循环 G73：二维动画展示； 58. 圆柱切削循环 G92：二维动画展示； 59. 圆锥切削循环 G92：二维动画展示； 60. 螺纹切削复合循环 G76：二维动画展示； 61. 直线切向进、退刀：二维动画展示； 62. 圆弧切入进、退刀：二维动画展示； 63. 刀具切入切出时的外延：二维动画展示； 64. 整圆加工切入切出路径：二维动画展示； 65. 型腔加工路径：二维动画展示； 66. 精加工刀具路径：二维动画展示； 67. 平口钳：模型动态展示安装过程、文字说明； 68. 自定心卡盘：模型动态展示原理、文字说明； 69. 压板与平板：在铣床上的安装过程模型动态展示、文字说明； 70. 刀具补偿方向：二维动画展示； 71. 半径补偿三个过程：二维动画展示； 72. 固定循环五个动作：二维动画展示； 73. G81 循环动作：二维动画展示； 74. G82 循环动作：二维动画展示； 75. G73 循环动作：二维动画展示； 76. G83 循环动作：二维动画展示； 77. G84 循环动作：二维动画展示； 78. G74 循环动作：二维动画展示； 79. G85 循环动作：二维动画展示； 80. G89 循环动作：二维动画展示； 81. G76 循环动作：二维动画展示； 82. G87 循环动作：二维动画展示

7.4　3D 版教材的教学应用实践

学生翻开书本，通过手机扫描教材上的知识点二维码，即可在手机上学习三维可视化的内容，并可以进行互动操作，只要变换角度就能够分辨各处结构，如同亲眼看见实物。

教材中的交互式的学习方式可以有效激发学生学习的兴趣，开启同步学习新模式，让学生充分感受学习的乐趣，使学生学习的主动性、专注度提升，课堂参与教师的提问更加主动积极，最终提升期末考试的成绩。

3D 版教材中可以将视频、声音、互动操作等内容，涵盖在所写的书中，可以让有限的纸张中，扩增出无限的内容。通过 VR 教学云平台上 VR 教学资源的更新，可以使学生获得最新的知识。

3D 版教材应用到全国 20 余所院校，用于机械工程、机械电子工程、智能制造工程等专业，受到了各院校的普遍欢迎。

通过对使用者进行调研，师生对 3D 版教材总体感觉较好，评价较高。2019 级机械工程专业的同学说："这本教材最吸引我的地方就是扫描书本中的图像后，就能在虚拟环境下的互动，知识点更加直观形象，本来很复杂的内容一下子就明白了。比其他教材中光看静态图片有趣很多，感觉自己理解力也有所提高。""我对《数控加工技术》这门课的学习积极性很高，主要是这本教材插图精美，印刷美观，尤其是 VR 技术运用到教材上，让我更加易于理解数控加工的原理，同时通过手机操作还能对数控知识进行体验式学习，边玩边学，轻松就能学会专业知识。"

3D 版教材会超越传统纸质教材，给师生带来跨越时空限制的多感官体验，有效降低学生的认知负荷，全面丰富师生对事物与知识的立体认知，并用最贴近自然的交互方式为学习者搭建了一个自主探索的空间，做到教学内容立体化、生动化，真正实现教师乐教、学生乐学的教育境界。

3D 版教材属于互联网＋教材、新形态教材。与同类教材相比较，具有如下特色及创新点：

① VR＋教材改变了传统的教学模式。教材采用了互联网技术、云平台技术等、配套了颗粒化 VR 教学资源，是 VR＋新形态教材。

教材充分利用了虚拟现实（VR）、增强现实（AR）等技术，将 VR 技术的 3I 特性（沉浸性、交互性、构想性）与沉浸教育理论、"因材施教，寓教于乐"教育理念、建构主义学习理论、"学习金字塔"教育理论深度融合，进行了"VR＋教学"模式研究及实践，根据课程教学大纲各知识点的教学要求，包括教学形式、学习形式、练习形式、考核模块等要求，进行系统化、专业化规划，按照规范化、精细化的软件开发标准，开发了颗粒化知识点的三维互动资源——VR 教学资源，实现了知识点由 2D 到 3D 的转化、静态到动态的转化，使一些装备的结构、运动等知识呈现立体感，以三维可视化、交互操作的形式展现，教师使用 VR 资源授课，改变了传统的教学模式，创新了"VR＋教学"模式，实现了"老师易教，学生易学"的普惠 VR 教育应用场景。

② 3D＋互动的 VR 资源提高了学生的学习兴趣。VR 教学资源支持台式电脑、手机、PAD、3D 头盔、3D 触控显示屏、VR 黑板等多种应用终端，形成了 3D＋互动的教学应用形态，教师在课程教学中可以利用 VR 教学资源实现人机交互，随意缩放、旋转、互动拆装，使用 3D 动画展示工作原理等，学生可以全方位、直观地观察高度逼真的机械结构外形

及内部结构、工作过程。

使用3D+互动的VR资源的教学过程，可极大提高学生的学习兴趣和创新欲望，实现学生从"要我学"到"我要学"的学习态度的转变。

③ VR+云平台方便了学生使用手机VR+教材移动学习。VR教学云平台上的在线知识点VR资源，使学生随时随地使用手机VR+教材自主学习，学生不需要下载VR资源到用户终端（台式电脑、手机、PAD等）运行，只需要扫描教材上的标识，就自动链接使用VR+云平台上相应知识点的VR学习资源进行移动学习。

VR+新形态教材改变了学校的"教"与"学"模式，让学生不限时间、不限地点地自主学习，构建了"一所没有围墙的大学"，实现了"人人可学，时时可学，处处可学"的"无界学习"。

第 8 章
"VR+ 教学"模式应用与实践

计算机、互联网为教育信息化提供了支撑平台，VR 技术为教育教学情景设计、展示和教学的实施提供了全新的平台和手段。VR 应用于教育教学，可以通过情境创设，使教师、学习者和其他参与者投入可感知的逼真的学习环境中，在合理的认知负荷下，提升学生学习动机、投入度和学习效果。基于 VR 教学云平台的全时空"VR＋教学"模式，可有效推动机械工程专业"教"与"学"活动的创新性变革。

全时空"VR＋教学"模式改变了传统的教师主导课堂、教师灌输式教学、学生只能被动接受的教学模式，利用 VR 技术为学生提供立体可视化的直观交互式学习空间。全时空"VR＋教学"模式可以使教师开展多样化教学，更新教学手段，VR 技术改变了单调枯燥的课堂环境，克服了教师授课、学生笔记的低效教学弊病，保证了学生也能够参与课堂教学。全时空"VR＋教学"模式可以突破时空界限，让学习不再受到时间和空间等客观因素的限制，给予学生更多的学习可能，突破传统教学中的障碍，实现教学资源的可持续利用。

在全时空"VR＋教学"模式下，学生学习的主动性、投入的时间、课堂活跃度、独立思考能力和学情满意度显著提高。VR＋学习方式的学习吸收率如图 8.1 所示。

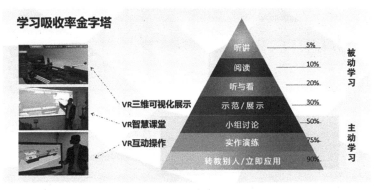

图 8.1　VR＋学习方式的学习吸收率

8.1　VR+课堂教学应用实践

VR+课堂教学将传统的黑板式教学变为多媒体交互教学，将灌输式单向教学模式变为师生互动式信息交流。

下面以"工程图学"课程为例讲解 VR+课程教学的应用。

（1）课程性质与目标

课程性质：机械类相关专业的专业基础必修课程。

① 知识目标。以投影理论为基础，培养学生的空间想象能力、形象思维能力和创新构形能力。使学生掌握工程表达相关的国家标准和规范及相关工程技术手册的查阅能力，徒手绘图、尺规绘图、计算机绘图和三维造型相结合，掌握机械图样的表达和识读。

② 能力目标。培养徒手绘图、尺规绘图、计算机绘图、计算机三维建模的能力；培养和发展空间构思能力、分析能力和表达能力；培养以图形为基础的形象思维能力；培养阅读和绘制机械工程图样的基本能力。

③ 思政教育。坚持立德树人，课程中加入课程思政内容，弘扬工匠精神，提高创新能力，激发学生的责任感、使命感和爱国主义情怀，全面促进大学生价值观良性发展。

（2）VR 课堂教学资源建设

① VR 教学资源。紧紧围绕大学生思政教育和能力培养，以学生为中心，从学生学习成效出发，改革传统教学体系和教学模式，精心设计教学资源和实施教学过程，按照课程教学大纲要求，选取了 120 个知识点，利用 3D 建模、Unity 3D 等技术，把"工程图学"知识点学以致用地应用到场景中，借助 VR 技术再现，并将 VR 资源以二维码的形式展示在 3D 教材和其他教学载体中，学生通过手机扫描教材中知识点关联的二维码，无需安装、下载任何插件，即可看到形象的三维展示（部分见图 8.2）。

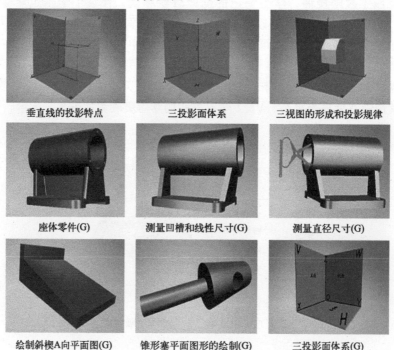

垂直线的投影特点	三投影面体系	三视图的形成和投影规律
座体零件(G)	测量凹槽和线性尺寸(G)	测量直径尺寸(G)
绘制斜楔A向平面图(G)	锥形塞平面图形的绘制(G)	三投影面体系(G)

图 8.2　课程知识点颗粒化教学资源三维展示（部分）

② VR 教学云平台。通过学校本地化的"VR＋工程图学"教学云平台。教学云平台契合专业教学需要，建设了丰富的"工程图学"教学资源及实验项目，学生利用 PC、手机等终端，登录云平台即可完成课前预习与在线考核（图 8.3）。

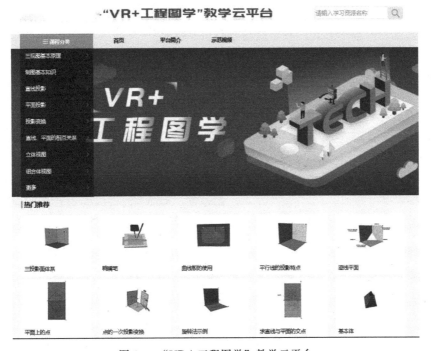

图 8.3　"VR＋工程图学"教学云平台

③ VR 智慧课堂。建设了由 1 块 150 英寸 VR 黑板、3 块 82 英寸 VR 黑板、学生手机、课堂管理系统等组成的 VR 智慧课堂。教师使用嵌套碎片化 VR 资源的 PPT，通过 VR 黑板手绘视图、轴测图，利用虚拟三角板、圆规等绘图工具，示范引导绘图过程。学生佩戴便携式 3D 眼镜，即时观看 3D 沉浸体验交互形象的教学资源所示。

（3）教学过程组织

教学全过程中充分利用 VR 教学环境，课前教师使用"VR＋工程图学"教学云平台发布学习任务，学生用电脑或手机登录"VR＋工程图学"教学云平台，进入相应课程模块，学习相应 VR 教学资源，学习活动需要在教师指定的时间内自主完成。"VR＋工程图学"教学云平台自动对学生的学习和练习进行成绩评定。

课前：教师在班级群、导员群和云课堂同步发布预习任务书，提出思考的问题，让学生带着问题和任务在云课堂平台线上预习相关 VR 教学资源，预习结束在云课堂上提出自己遇到的问题，发表自己的观点，教师根据学生的反馈信息组织好课中授课内容。学生通过 VR 教学云平台进行预习，如图 8.4 所示。

课中：以线下教学为主，以问题导向法、案例法、

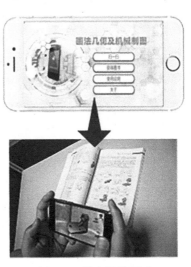

图 8.4　学生课前预习

演示法或讨论法等教学方法为主，以 VR 云课堂手机端为辅在线签到、提问、小组讨论、测试等，将课前学生遇到的难点、重点逐一解决。

教师通过 VR 资源及 VR 智慧课堂进行教学，智慧课堂由 VR 黑板、手机、3D 版教材、3D 眼镜、智慧课堂管理系统等组成，以学生为主体、教师为主导，按照"教师讲授、分组讨论、弹题互动、手机学习、随堂测试"的教学方式组织课堂教学，实现学生自主讨论、沉浸体验、交联互动的教学形式，教学现场如图 8.5 所示。

图 8.5　VR 课堂教学现场

课后：教师在班级群、导员群和 VR 云课堂同步发布课后作业、测试题、实践任务等，教师要在课后及时在 VR 云课堂电脑端对学生在课堂上的讨论、回答的问题，测试及课后作业进行批阅、答复和评分，并根据学生在云课堂上提交的课堂评价对下次的教学任务进行组织优化。通过学生、教师、导员、督导、VR 教学云平台后台工作人员共同努力，真正做到全时空的线上线下互动的混合教学模式，逐渐提高学生的学习主动性和积极性。

课后引入课外实践环节，通过教学云平台发布实践案例（图 8.6），方便学生在手机端进行分组讨论，锻炼学生解决复杂问题的能力及团队协作能力。

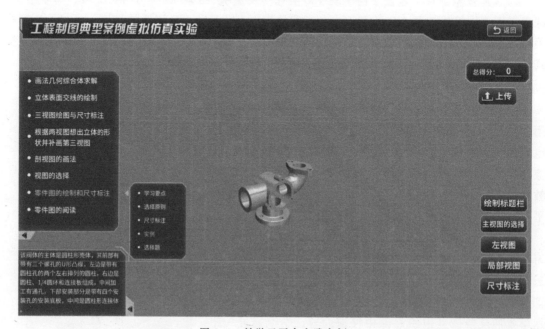

图 8.6　教学云平台实践案例

学生也可以在课下用 3D 版教材和 VR 教学走廊进行自主学习。教师可以在线点评，收集共性问题进行课堂讲解，学生也可随时利用 MOOC（大规模开放在线课程）实现自主学习。通过 VR 教学云平台上的 VR＋实验教学资源完成实践，形成以 VR 教学资源为载体的课前-课中-课后"全时空"教学组织形式，达到"老师易教、学生易学"的目的，课下学习现场如图 8.7 所示。

图 8.7　学生课下学习

（4）典型教学设计示例

以讲解组合体内容为例，典型教学过程安排如图 8.8 所示。教学设计围绕教学目标，融合 VR 教学资源，充分考虑课程的深度和广度，将信息技术融入课堂教学，按照导入→讲解→提问→实验→讨论的进阶式教与学活动，具体教学设计方案如表 8.1 所示。

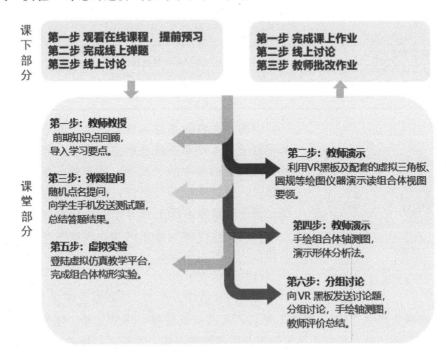

图 8.8　典型教学过程安排

表 8.1　教学设计方案

主要流程	教师活动	学生活动	时间/分钟
课前导入： 明确课程进度；简要复习知识点；提出组合体读图要领	回顾与本节有关的先学知识，引出本节课讲解内容	跟随教师思路，回顾已学知识，了解新学知识	5
案例展示： (1) 以 VR 资源中的组合体分解为例，展示读图要领； (2) 结合 VR 资源中的组合体资源，学习形体分析方法读图； (3) 以典型的组合体为例，教师在 VR 黑板上手绘组合体视图，加强知识点学习	介绍组合体读图要领，用 VR 黑板手绘组合体轴测图，展示形体分析法	选择要点，做好笔记；查看资源，思考，适时发问；归纳总结	40
组织研讨，引导发言： 教师把学生分组，向学生发送不同的组合体形体分析题目，由学生讨论，留意学生思考过程，了解学生知识掌握情况。并由学生推选代表上台利用 VR 黑板讲解演示。 思政融入，聚沙成塔	按照小组讨论的形式，鼓励学生积极讨论；并整理讨论结果，对讲解的学生进行引导	对题目进行分组讨论，推选代表上台讲解	20
登录平台，虚拟实验： 登录虚拟仿真平台，完成组合体构形实验	引导学生登录网站，完成组合体构形，观察形体特征	登录网站，完成题目	10
总结反馈： 总结本节课内容重点；解读作业完成过程注意事项； 分析本次课程关键的知识点应用；激励学生勇于探索创新	总结本节课程，布置课下作业，要求学生通过在线课程反馈对本堂课的学习感受及下堂课的学习建议，及时掌握学生需求信息，以便更好地设计教学过程 激励学生课下挑战有难度的题目，弘扬工匠精神，勇于探索创新	聆听作业要求	10
发送题目，现场考核： 由教师向学生发送考核题目，学生现场独立作答并提交答案，由软件打分，计入课上成绩	通过手机发送组合体形体分析题目，监督学生独立完成，按时间提交答案，并对答题情况进行总结	独立完成答题；按时提交答案	5

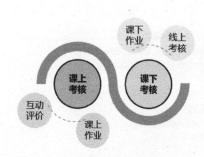

图 8.9　课程考核示意图

课程的考核体系分为课上、课下两个部分，课上教师根据学生互动和在线答题进行评价，思维缜密、提出建设性意见的学生给予高分，并要加入学生自评、互评的形式，激发学生参与热情；在线答题直接记录答题成绩。课下考核考虑课上布置作业完成情况和在线课程预习时间、在线弹题完成正确率，可参考在线课程系统自动得分，如图 8.9 所示。

（5）教学效果

利用 VR 教学云平台、VR 智慧课堂、VR 教学资源等全方位打造课堂教学"VR＋教学"模式，通过知识讲解、课堂互动、随堂测验、上机实践等教学组织活动，极大提高了学生的参与度和浓厚兴趣，改变了传统的"教"与"学"。

以本课程为支撑的"工程图学'VR＋教学'模式改革"获批 2021 年度"教育部产学合作协同育人项目"优秀案例。学生积极参加全国三维数字化创新设计大赛，全国成图技术大赛、山东省机电产品创新设计竞赛等赛项，参与数量逐年增加，并取得了优异成绩。

（6）课程特色与创新

课程特色：将 VR 技术与教学过程深度融合，利用"雨课堂"、VR 黑板、VR 教学资源、3D 版教材、VR 学习走廊、网上虚拟仿真实验及智慧树 MOOC 在线课程等教学资源，实现教师边导边教、学生边学边练，培养学生自主探究、协作学习、分析归纳的创新能力，达到"老师易教、学生易学"的目的。

教学创新点：以"因材施教，寓教于乐"的教育理念、建构主义学习理论、"学习金字塔"教育理论为指导，通过 VR＋课堂教学模式，实践"教学练训创"教学体系，充分调动教-学双向激励，实现学生由"要我学"到"我要学"的转变。充分利用 VR 技术的 3I 特性，在"雨课堂"、VR 黑板、VR 教学云平台等构建的智慧教学环境下，形成教师示范引导与学生沉浸体验、手脑并用地"动起来"的课堂形态，让学生"头抬起来、脑转起来、手动起来"。

VR＋课堂教学不同于填鸭式教学，可以提高学生的课堂学习效果，使学生不仅能够听得进去教师讲授的知识，而且能够听懂，将知识进行内化，让学生不再认为知识是枯燥无味的，唤醒学生自主学习意识，极大地激发学生的学习兴趣。对于教师而言，VR＋课堂教学改变了传统的课堂教学方式，大幅提高了学生课堂参与度和活跃性，提升了教师信息化教学能力。

8.2 VR+实验教学应用实践

下面以"液压与气压传动技术"课程的混合式实验教学应用为例讲解 VR＋实验教学。

（1）VR＋实验教学内容和目标

"液压与气压传动技术"是机械类专业的一门主干专业必修课，在培养学生创造性思维、综合设计能力和机械工程实践能力方面占有重要的地位。课程任务是向学生传授液压与气压传动技术的基本原理、系统分析和设计方面的基本知识。通过该课程的学习，使学生了解液压与气压传动技术的应用发展，掌握其工作原理、系统基本组成及特点；掌握常用液压元件的工作原理、结构特点和性能、适用场合及分析计算；掌握各种液压基本回路的组成、功能及应用；掌握典型液压系统原理图的分析和阅读方法；掌握液压传动系统的设计思路和方法；掌握气压传动基础知识、气压元件的工作原理和特点；了解气压传动基本回路等。

"液压与气压传动技术"的课程目标如下：

课程目标 1：了解液压与气压传动技术的应用发展，掌握其工作原理、系统基本组成及特点；掌握流体力学相关理论知识，具备正确选用液压油的能力以及推导实际应用问题的静力学、动力学模型的能力，并能根据流体流动的状态，对流体在系统管道中能量损耗进行计算，具备初步分析液压与气压系统传递效率的能力。

课程目标 2：掌握各类液压和气压元件的基本结构、工作原理、应用场合以及液压元件的性能参数，能够分析液压和气压基本回路，具备进行元件选择和相关计算的能力，以及液压和气压基本回路初步设计的能力。

课程目标 3：能够分析液压和气压系统的工作原理、工作过程及系统中各元件的作用，客观评价系统优缺点；具备综合运用液压和气压传动基本知识，提出满足特定需求的液压与气压传动系统的合理设计方案的能力，并体现创新意识。

课程目标 4：掌握必要的实验技能，能够制定实验方案，具备利用实验对液压系统性能进行研究的能力，并具备正确处理实验数据以及撰写实验报告的能力。

课程采用 OBE（以成果为导向的教育）模式，课程教学大纲中提出了 4 大课程目标，其中实验要求列入课程目标 4。要求通过实验使学生基本掌握常用液压元件的基本性能的测试方法，学会液压基本回路的连接与特性的分析方法。要求学生自己动手开展实验，搭接液压基本回路，测定典型液压基本回路的特性，绘制原理图，并自己分析基本回路的特性，以此来培养学生的动手能力和实践能力。课程目标与毕业要求的对应关系如表 8.2 所示。

表 8.2 课程目标与毕业要求的对应关系

课程目标	指标点	毕业要求
课程目标 1	能够将相关知识和数学模型方法用于推演、分析专业工程问题	工程知识：能够将数学、自然科学和机械工程专业知识用于解决机械产品研发、设计和制造中的复杂工程问题
课程目标 2	能借助文献研究，并结合机械领域相关的基本原理分析复杂机械工程问题的影响因素和关键参数，获得有效结论	问题分析：能够应用数学、自然科学和工程科学的基本原理，识别、表达，并通过文献研究分析机械领域的复杂工程问题，判别关键环节、影响因素和关键参数，以获得有效结论
课程目标 3	能够针对特定需求，综合应用机械工程专业的基础理论和技能，设计开发满足特定功能的机械零部件及其加工工艺流程	设计/开发解决方案：能够设计针对复杂机械工程问题的解决方案，设计满足特定需求的机械系统、零部件及其工艺流程，并能够在设计环节中体现创新意识，考虑社会、健康、安全、法律、文化以及环境等因素
课程目标 4	能够基于科学原理并采用科学方法对机械零件、结构、装置、系统等选择研究路线，设计实验方案	研究：能够基于科学原理并采用科学方法对复杂机械工程问题进行研究，包括方案调研、设计实验、分析与解释数据，并通过信息综合得到合理有效的结论

表 8.3 所示为"液压与气压传动技术"课程虚拟仿真实验内容。

表 8.3 实验名称及内容

序号	实验项目名称	内容提要	学时	实验类型	实验类别
1	节流阀特性测定与液压泵、阀拆装	节流调速性能测定；各种液压泵、阀的结构拆装。运用虚拟仿真技术实现线上线下混合式实验	2	验证性	必修
2	液压基本回路设计与拼装	液压基本回路的设计、拼装及调试。运用虚拟仿真技术实现线上线下混合式实验	2	设计性	必修

（2）VR＋实验教学内容建设

结合现有的实体实验设备，通过 VR 技术开发三维可视化的 VR 孪生实验教学资源，并将 VR＋实验教学资源放置在 VR 教学云平台上，如图 8.10 所示。学生可以通过触控一体机、手机、平板电脑、PC 等终端设备对实验进行模拟操作，也可带上 VR/MR 眼镜或 VR 头盔进行体验式操作。三维可视化的 VR＋实验教学资源科有效解决实验设备贵、数量不够、实验过程危险、实验耗材损耗多、实验内部过程不可观摩、综合性实验难实施等问题。

VR 教学云平台上的实验项目具有高度沉浸感、真实感，平台具备理论学习、实验操作、考试模拟等多种功能，可满足实验教学过程中不同场景应用需求。教师根据教学云平台上 VR＋实验教学资源，讲解实验装置的拆装、旋转、缩放等，学生可以清楚地看到实验装置的内部结构，并可以互动操作。三维可视化的 VR 实验教学资源可帮助学生掌握实验内容，理解复杂抽象的流体力学工作原理，解决实验教学中工作原理复杂、学生理解困难等教学难题。

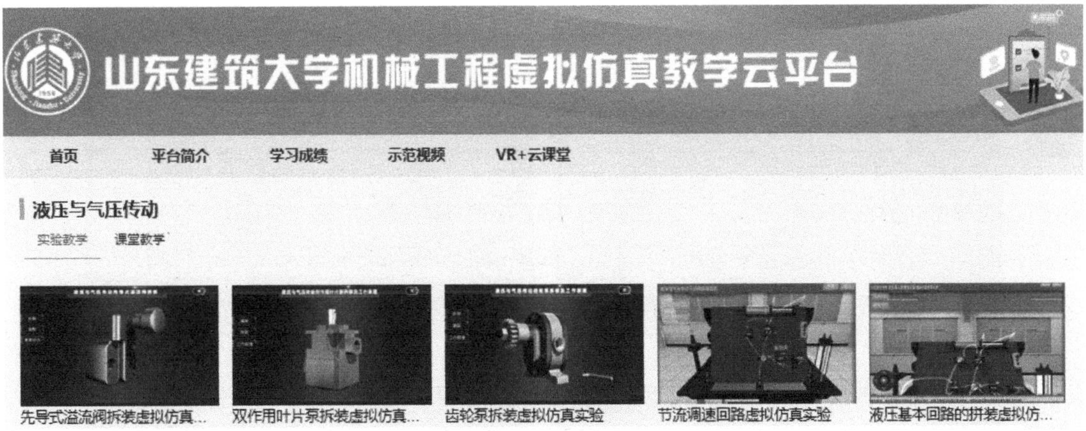

山东建筑大学机械工程虚拟仿真教学云平台

首页　　平台简介　　学习成绩　　示范视频　　VR+云课堂

液压与气压传动

实验教学　　课堂教学

先导式溢流阀拆装虚拟仿真…　　双作用叶片泵拆装虚拟仿真…　　齿轮泵拆装虚拟仿真实验　　节流调速回路虚拟仿真实验　　液压基本回路的拼装虚拟仿…

图 8.10　VR 教学云平台上实验教学资源

（3）VR＋实验教学组织

在课程实验教学过程中，应用 VR＋实验教学模式，通过四步 VR＋实验方法实施实验教学，包括 VR＋预习、VR＋讲解、VR＋指导和 VR＋探究。

第 1 步，VR＋预习：教师通过录制视频或者腾讯会议形式，将虚拟仿真实验项目的理论知识、实验步骤、实验仿真操作流程等实验指导教程教授学生。学生通过电脑或手机登录 VR 教学云平台及 AR 实验指导书预习。

学生在 VR 教学云平台可以开展：先导式溢流阀拆装虚拟仿真实验、双作用叶片泵拆装及工作原理虚拟仿真实验、齿轮泵拆装及工作原理虚拟仿真实验和液压基本回路的拼装虚拟仿真实验等。

先导式溢流阀拆装虚拟仿真实验中，先导式溢流阀主要零件包括主阀阀芯、主阀弹簧、先导阀阀座、先导阀阀芯、先导阀调压弹簧、先导阀调节杆、先导阀阀体、阀体与先导阀阀体连接螺栓、手柄、手柄锁紧螺钉、塞堵、固定螺栓等。通过互动安装和拆卸（如图 8.11所示）掌握先导式溢流阀的零部件构成、拆装顺序及工作原理。

双作用叶片泵拆装及工作原理虚拟仿真实验中，双作用叶片泵主要零件包括：内六角圆柱螺钉 M12×65、左泵体、轴承 6001、开槽圆柱头螺钉 M4×45、左配油盘、定子、叶片、转子、右配油盘、密封圈（右配油盘和泵体）、密封圈（左右泵体）、密封圈（右配油盘与右泵体）、内六角圆柱螺钉 M8×20、盖板、密封圈（盖板与轴）、密封圈（右泵体与盖板）、轴、孔用弹性挡圈 47、轴用弹性挡圈 20、轴承 6204 等。依据装配和拆卸顺序，单击零件（或借用对应工具），完成装配和拆卸工作操作，如图 8.12 所示。学生可以掌握双作用叶片泵的零部件构成、拆装顺序及工作原理。

齿轮泵拆装及工作原理虚拟仿真实验中，齿轮泵主要零件包括键、齿轮、齿轮轴、销、垫片、左端盖、右端盖、螺钉、密封圈、轴套、压紧螺母、传动齿轮、垫圈、螺母。依据装配和拆卸顺序，单击零件（或借用对应工具），完成装配和拆卸工作操作，如图 8.13 所示。学生可以掌握齿轮泵的零部件构成、拆装顺序及工作原理。

学生在液压基本回路的拼装虚拟仿真实验中可以开展：液压基本回路的设计、拼装及调试。如图 8.14、图 8.15 所示。实验步骤：从元件库中选择元件模型，拖到实验台上安放；选择油管，单击各油口完成油管连接；调节元件旋钮，进行实验操作，记录实验数据。

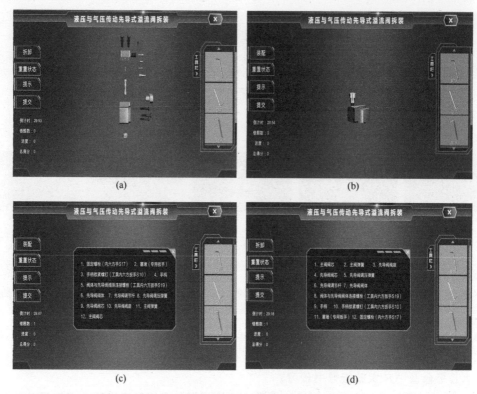

图 8.11　先导式溢流阀拆装虚拟仿真实验

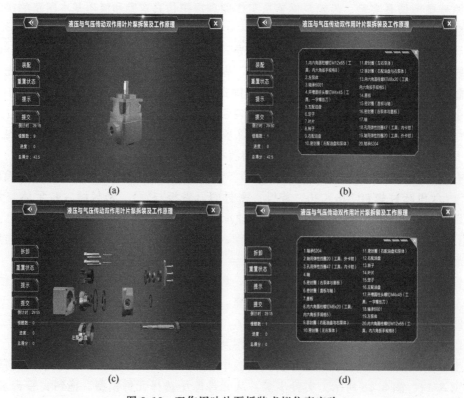

图 8.12　双作用叶片泵拆装虚拟仿真实验

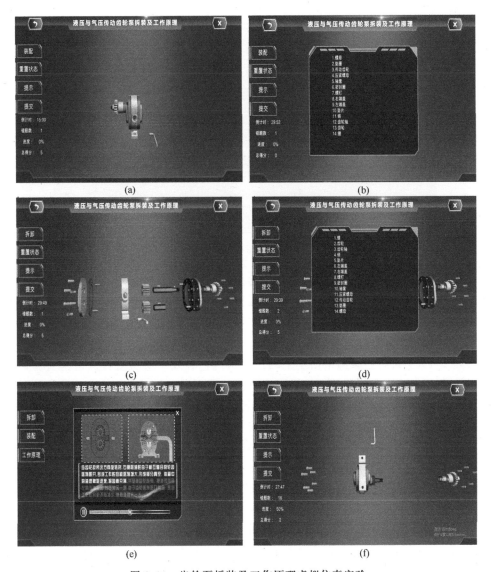

图 8.13 齿轮泵拆装及工作原理虚拟仿真实验

图 8.14 液压基本回路的拼装

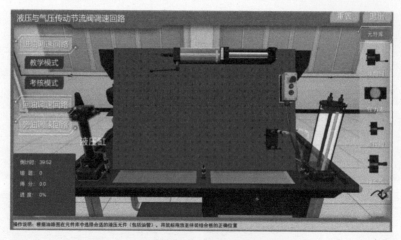

图 8.15　液压与气压传动节流阀调速回路

　　学生可根据实验中的工作原理讲解、实验提示等功能进行自我学习。学生完成虚拟仿真实验提交后，平台可显示获得考核实验成绩。教师可随时随地登录 VR 教学云平台查看学生实验预习完成情况，并审查学生的实验预习成绩。如果学生预习成绩不达标，可不允许学生进入实验室进行实体实验。

　　第 2 步，VR＋讲解：教师根据学生的预习情况，在线下实验室再次讲解实验的基本原理、实验步骤、实验操作流程等，使学生进一步加深对实验的基本理论、工作方法的认识。

　　第 3 步，VR＋指导：学生在线下实验进行实体实验操作，如遇到问题，则借助 VR 教学云平台上虚拟仿真实验操作步骤进行自我指导，解决实验时遇到的问题。

　　第 4 步，VR＋探究：学生在完成真实实验的基础上，应用 VR 教学云平台进行探究性实验，延伸实验内容，增强创新能力。

　　VR＋实验教学通过开展自我学习、教师指导、在线考核、虚实结合等多种教学手段，解决了传统实验教学的"三高三难"问题，学生的学习热情得到极大提升。学生可以不限时间，不限地点地进行反复学习，一直到掌握相关知识为止。学生在教室（图 8.16）、宿舍和图书馆（图 8.17）都可以进行虚拟仿真实验。通过 VR 教学云平台开展的实验教学突破了传统实验教学在时间和空间的限制，服务于实验教学活动中的主要角色（教学管理、教师、

图 8.16　学生在教室进行虚拟仿真实验

学生），贯穿于实验教学活动的各个阶段（课前、课中、课后），实现"时时是学习之时，处处是学习之地"的全时空 VR＋实验教学模式。

(a)   (b)

图 8.17　学生在宿舍和图书馆等场地进行虚拟仿真实验

（4）VR＋实验教学效果

通过 VR＋实验教学实践应用，一方面培养了学生发现、思考和解决问题的能力；另一方面，发展了学生的创新思维能力，间接锻炼了学生独立动手的实践操作能力，提高了实验综合素养。

（5）VR＋实验教学的作用

利用 VR 技术，可以有效解决实验条件与实验效果之间的矛盾，突破传统实验教学在时间和空间的限制，使学生在实验课堂内外随时随地在线和离线进行虚拟仿真实验学习，也可以根据实际需求和自己的学习基础，重复并自由地安排学习，增加课程教学的广度和深度，节省实验成本。具体有以下 4 点作用。

① 减少实验成本，增加学生实验操作机会。运用 VR 技术，开发典型实验设备和实验项目，会大大减少设备台套数、折旧和维护费用等。学生进行实验时，不必担心浪费实验材料和操作不当损坏实验设备，可以利用空余时间多次进行实验操作，纠正自己的错误，直至完全明白此实验原理及内容。VR＋实验既节省了实验材料，又为学生提供了多次实验操作机会，使学生进行实验操作不再局限于实验室内，同时拓展了学生实验操作时间。

② 教学手段先进，无危险，软件更新快。运用 VR 技术展示设备，学生能模拟对虚拟设备进行操作，且操作过程可避免误操作带来的危险。同时，现实中设备更新速度在很大程度上滞后于技术发展速度，运用虚拟设备进行实验则只需更新软件即可对实验设备进行更换，方便又高效。

③ 教学方式独特，增强学生学习兴趣，教学质量效果显著提高。虚拟仿真实验可以让学生进行交互操作，不受时间和空间的限制，同时通过在计算机上对实验步骤进行反复操作练习，从而提高教学质量。

④ 虚拟教学环境逼真，让学生有身临其境的感觉。学生可以通过虚拟操作获得直观的亲历体验，从而在获得安全操作方面知识的同时，提高他们在不同的复杂环境下的推理判断和瞬间决策能力。

8.3　VR＋实训教学应用实践

"金工实习"课程是机械类各专业学生学习工程材料及机械制造基础的一门非常重要的

实践教学课程,其基本要求是掌握铸工、钳工、焊工、锻工、车工、铣工、磨工和数控加工等工种的基本操作技能,熟悉各种设备和工具的安全操作使用方法,能正确调整和运用相关设备常用附件和刀具及工、卡量具。使学生了解新工艺和新技术在机械制造中的使用;掌握简单零件冷热加工方法选择和工艺分析的能力;培养学生认识图纸、加工符号及了解技术条件的能力。

其中,冷加工包括各类机床的加工原理和操作方法,而热加工包括铸、锻、焊等加工原理和操作方法。课程学习的对象是机床等复杂设备,且具有显著的实操性要求。传统的课堂授课通常只能让学生了解其大概内容,而学生真正需要掌握的细节知识点和相关原理则需要通过工程实践的方法来掌握并理解。另外,由于在生产实践过程中接触的大多是运转中的大型机械设备,使得实践学习能耗高且具有一定的安全隐患。比如,钳工教学包括划线、锯、锉等基本技能,内容琐碎不易掌握,但是企业生产对这些技能的要求却比较高。下面以铸造虚拟仿真实训为例,讲解 VR+实训教学过程。

铸造实训是机械类专业开设工程的实训教学项目。目前,该课程的学习方式多数采用课堂理论知识与铸造车间实训相结合的方式,通过车间实训加强学习者对铸造知识的理解。而在实训的过程中,铸造车间环境复杂,铸造过程危险系数较大,易导致意外事故的发生。

实训教学中,教师一边对铸造工艺过程进行示范操作演示,对操作要点进行讲解,学生围站四周边看边听,徒手演练或在记事本上记录要点。若学生人数较多,则围观学生难以观察清楚,导致示范教学效果受限,因此,该实训项目具有难观摩的痛难点。教师讲解完成后,学生 3~5 人一组进行实操练习,小组内讨论协作进行,教师随时指导。因铸造知识点较为琐碎,铸造工艺过程工序繁多,学生有时难以理解消化。再加上学生数量多,设备比较少的现实情况,会导致铸造实训效果比较差。

铸造实训操作耗时长,完整操作一遍至少要好几个小时,学生分组训练,难以保证所有学生都能完成一次完整的实训任务,更无法保证多次训练需求。为了保证实训效果,需要加大设备投入,占用更大的实训场地资源。由此看来,该实训项目具有高投入、高风险的痛难点。

(1)依托虚拟仿真技术,实施全时空 VR+实训教学

通过以上分析,铸造实训教学项目存在着高损耗、高投入、难观摩的痛点和难点。通过 VR 技术开发的铸造仿真实训教学系统(图 8.18),可以借助 VR 教学云平台展示虚拟铸造车间,让学习者置身于沉浸、交互和想象于一体的虚拟铸造车间中。系统为学习者提供视觉、听觉等模拟感受的人机交互,既防止学习者在实习过程中发生意外又可以加强其对铸造知识的理解。

图 8.18　铸造仿真实训教学系统

　　该系统搭建了覆盖全校的工程训练虚拟仿真实训教学管理与资源共享平台（VR教学云平台），如图8.19所示。虚拟资源上线VR教学云平台。虚拟仿真实训软件适配多种VR智能终端，教师可以开展沉浸式虚拟仿真实训教学，学生可以在VR智慧教室进行虚拟仿真练习。师生无论在校内还是校外都可以通过手机、平板电脑、PC、VR设备等终端直接运行铸造虚拟仿真实训软件，完成实训知识学习及虚拟动手操作练习，形成全时空虚拟仿真实训教学环境。

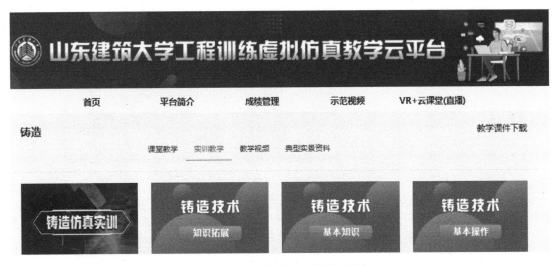

图8.19　工程训练VR教学云平台

（2）实施VR+实训四步教学法

　　依托VR教学云平台，开发了AR版实训指导书，指导书上印刷了VR教学资源的二维码，学生通过手机扫码，可以直接在手机上运行云上的虚拟资源，学生课前就可以完成知识学习及虚拟仿真练习。基于以上完成的工作内容，采用VR+实训四步教学法（VR+预习、VR+讲解、VR+指导、VR+测验）开展铸造实训教学。

　　① VR+预习：学生课前，使用AR版实训指导书进行实训项目知识立体化学习，通过个人手机、平板电脑以及虚拟仿真实训中心相关VR设备等应用终端登录到VR教学云平台，了解基本实训流程，开展铸造基本知识、铸造知识拓展、铸造仿真实训等相关知识的学习，完成铸造虚拟仿真练习并取得成绩，成绩合格后方可参加实操训练。

　　铸造基本知识模块通过文字、视频与动画的形式，对铸造的基本概念、技术要求、工艺过程、浇注系统与冒口、常用设备工具等进行详细讲解。学生将鼠标放置在想要了解的造型工具上，工具即会出现高亮效果，点击可进入知识讲解。图文结合的介绍能加强学习者的理解，学生可以学习铸造的概念、砂型铸造工艺过程、浇注系统与冒口等知识。

　　铸造：包括铸造概念、铸造的目的和要求、铸造的安全技术要求，如图8.20所示。

　　砂型铸造工艺过程：学习者可以在三维虚拟场景中自由行走，多角度对砂型铸造工艺过程进行观察，包括铸造准备工作、造下型、造上型、起模与修整、手工造型、合型等，如图8.21所示。

　　浇注系统与冒口：基于浇注系统三维模型展示，界面有模型附加结构名称标识、鼠标单击标识、对应结构高亮显示、同时语音讲解及文字提示板展示等，结构包括通气孔、型芯、

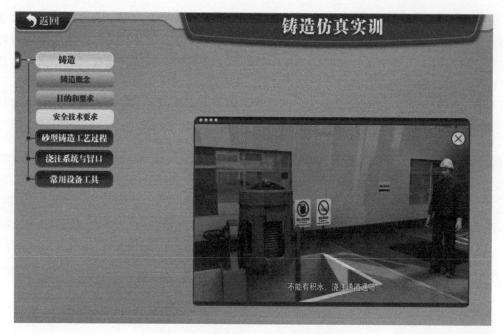

图 8.20　铸造概念虚拟仿真操作界面

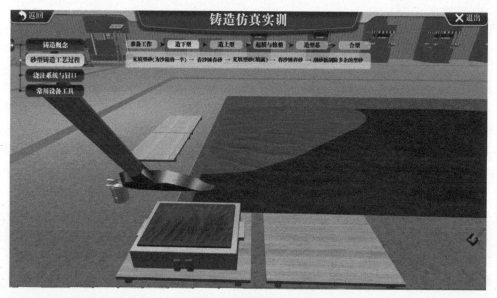

图 8.21　砂型铸造工艺过程

型腔、浇口杯、直浇道、横浇道、内浇道、冒口等，如图 8.22 所示。学生可以对浇注系统与冒口进行学习。

常用设备工具：学生可以对冲天炉、混砂机、造型机和造型工具进行学习。

冲天炉、混砂机、造型机：三维模型动态展示设备工作过程，模型可以任意旋转、缩放，多角度观察，冲天炉三维模型如图 8.23 所示。

造型工具：鼠标放置到工具陈列架上的模型上时，该模型高亮显示，同时出现语音讲解及文字提示板展示。单击该模型可独立展示，可对其任意旋转、缩放、观察。工具包括压

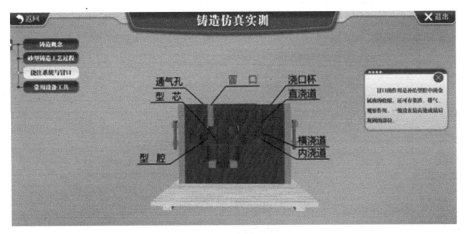

图 8.22　浇注系统与冒口

图 8.23　冲天炉

勺、刮板、皮老虎、排笔、掸笔、馒刀、春砂锤、筛子，如图 8.24 所示。

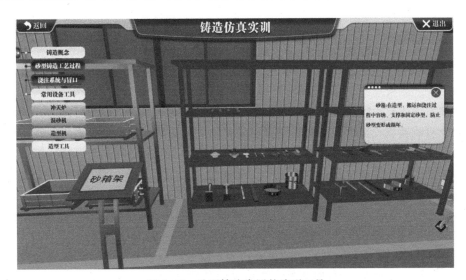

图 8.24　砂型铸造常用的造型工具

学生在铸造的知识拓展模块中可以学习特种铸造方法和铸件质量检验相关知识。特种铸造方法包括金属型铸造、熔模铸造、压力铸造、离心铸造等知识，如图 8.25。铸件质量检验包括铸件质量检验方法和铸件缺陷分析，如图 8.26。

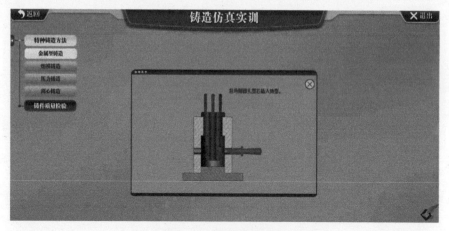

图 8.25　特种铸造方法

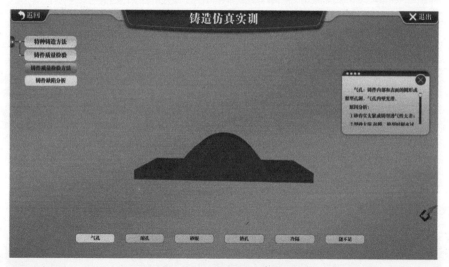

图 8.26　铸件缺陷分析

学生学习完成铸造基本知识模块后，可以进入仿真实训模块进行操作学习。学生根据系统提示选择当前铸造步骤所需工具，并用鼠标拖拽的方式放置到正确的位置。此模块带有一定的娱乐性与趣味性，能激发学生的学习兴趣。砂型铸造的过程：a.将手轮零件模样放到指定位置并撒上分型砂；b.放好下砂箱，填充型砂；c.用尖头锤春砂；d.春满砂箱后，再堆高一层砂，用平头锤打紧；e.用刮砂板刮平砂箱（切勿用镘刀刮平）；f.翻转下砂箱；g.用镘刀修光分型面，然后撒分型砂，放浇口棒，造上型；h.开箱、刷水、松动模样后边敲边起模；i.修型、开内浇道、撒石墨粉；j.合箱、准备浇注；k.落砂后得到铸件。过程如图 8.27 所示。

②　VR＋讲解：学生预习结束后，教师在 VR 智慧教室、桌面式虚拟现实操作机房等虚拟实训室，通过 VR 黑板、3D 眼镜等，采用虚拟仿真软件开展铸造基础知识以及工艺过程

图 8.27　手轮砂型铸造仿真实训部分过程

要点讲解，解答学生疑惑，增强学生的学习效果。

③ VR+指导：学生在铸造现场（图 8.28）实操过程中，遇到问题可以通过手机、VR 触控一体机等终端设备运行 VR 教学云平台上的虚拟仿真实训软件，根据步骤演示指导现场铸造实际操作，完成自我指导。

④ VR+测验：实训课后，学生登录 VR 教学云平台，完成实训教学内容相关的铸造操作步骤和试题考核任务（图 8.29、图 8.30），并将结果上传至教学平台，平台能够自动给出学生的考核成绩，如图 8.31 所示。教师根据考核成绩掌握实训教学效果，进一步优化完善教学设计。

图 8.28　铸造车间实际操作　　　　图 8.29　铸造操作步骤考核

图 8.30　铸造相关试题考核

通过铸造虚拟仿真实训，可使学生培养以下能力：

① 通过将铸造过程分步操作，帮助学生认识各类造型方法和浇注过程，使学生能够直观地对铸造现象进行观察。通过不同操作方式，实现不同的铸造结果，能够使学生加深对铸造相关理论的认识，提高学生对知识的理解能力。

② 熟悉铸型装配操作的过程和方法，使学生认识到要铸造一个合格的铸件，不仅要考

图 8.31　铸造仿真实训综合考核成绩

虑铸造工艺问题，还必须要考虑铸造生产中的操作问题，培养学生的职业素养。

③ 通过反复训练，直到结果达到要求，进一步培养学生的工匠精神。

（3）特色总结

本案例是全时空 VR+实训教学的具体体现，相对传统教学模式，克服了实训教学中的"三高三难"痛点和难点，提升了实训教学效果，主要特点如下：

① 按照真实设备开发虚拟仿真实训软件，虚实互补，解决了铸造过程中损耗大、高风险、设备台套数不足等难题。

② 依托 VR 教学云平台及 VR 相关设施，构建了全时空虚拟仿真实训教学场景，教学活动可以在 VR 实训室、实训车间、学生宿舍甚至校外进行。虚拟实训不仅可以面向本校师生开放，还可以面向兄弟院校、社会群体开放。

③ 开发 VR 版实训指导书，实现纸质资料与云端虚拟资源的融合应用。

本虚拟仿真实训系统将铸造相关的知识在虚拟环境中直观地呈现出来。学生通过反复练习，可以加深对铸造工艺各要素的认识，逐步形成二维与三维、实体与虚体间快速转换的基本能力，在虚拟场景中进行铸造全过程操作，熟悉铸造生产的操作步骤和方法。通过本虚拟仿真实训系统的使用，可以达到教师易教、学生易学的目标，提升实训教学质量。本实训课程所应用的 VR+实训教学新模式，克服了原有铸造实训教学过程中的痛点和难点，在原有实训课时不变的情况下，提升了课堂教学的效果。

除了铸造虚拟仿真实训，还有钳工技术 VR 实训教学系统、焊接技术 VR 实训教学系统、热处理技术 VR 实训教学系统等，如图 8.32 所示。

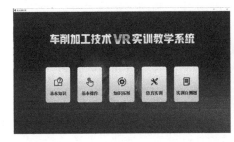

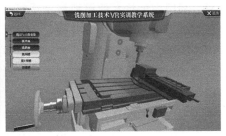

图 8.32

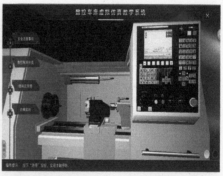

图 8.32　工程实训虚拟仿真教学资源

（4）VR＋实训教学的作用

依托虚拟仿真实训教学系统，落实立德树人根本任务，坚持以能力为先的人才培养理念，按照"学生为中心、产出为导向、持续改进"的原则，遵循信息化条件下实训教学规律，按照智能实训设计理念，规范设计虚拟仿真实训教学的实训过程、场景呈现、多维度实训数据记录、知识点考核等要素，提升实训教学效果。

① 实训过程易于再现。VR 技术可以模拟出生产设备的运行环境和操作过程，使得学生在虚拟环境中进行实训操作，容易再现实训过程。有些实训过程可能存在一定的危险性或难度，例如某些高精度设备的操作或者危险性较高的实验，利用 VR 技术可以让学生在安全的环境下进行实训操作，提高实训的安全性和可重复性。

② 降低实训实施难度。对于一些复杂的机械设备，其实训过程可能涉及许多繁琐的步骤和复杂的操作，利用 VR 技术可以模拟出这些设备的运行环境和操作过程，让学生在虚拟环境中进行操作和训练，从而降低了实训实施的难度。

③ 提高实训观摩效果。VR 技术可以模拟出生产设备的运行过程和操作细节，使得学生在虚拟环境中观摩实训过程，增强实训观摩的效果。有些实训过程可能涉及复杂的设备结构和操作流程，利用 VR 技术的模拟演示功能，可以让学生更加清晰地了解设备的结构和操作流程，提高对机械设备的理解和掌握。

④ 降低实训成本。使用 VR＋实训教学可以降低实训成本，因为虚拟设备和场景的建立不需要真实的机械设备和实训材料，而且可以重复使用，不会因为实训的进行而产生损耗。此外，虚拟实训还可以减少设备的维护和更新成本，提高设备的利用率和经济效益。

⑤ 实训体验真实。VR 技术可以模拟出非常真实的虚拟实训运行环境和操作过程，使学生了解实际生产中的机械设备运行状况和操作规范，给学生"身临其境"的感觉，同时可进

行交互操作，具备极强的体验感与临场感。这种高度仿真的实训体验可以增强学生的学习感受，提高学习效率和对专业知识的理解和掌握。

综上所述，VR＋实训教学在机械工程专业中具有实训过程易于再现、降低实训实施难度、提高实训观摩效果、降低实训成本和实训体验真实等作用。这些作用使得 VR＋实训教学成为机械工程专业教育中一种非常有应用前景的教学手段。

8.4 VR+ 自主学习应用实践

自主学习是整个教学模式的核心内容，是以学生作为学习的主体，学生通过独立的分析、探索、实践、质疑、创造等方法来实现学习目标。在 VR＋自主学习中，学生在 VR 技术创建的虚拟环境中自主选择要学习的方式和内容，最大限度发挥想象力和创造性，进行自主探索，自由自主地学习。

（1）在 VR 移动端自主学习

学生使用 PC、手机、PAD 等终端登录教学云平台，自由选择学习内容进行学习。学生对 VR 资源进行交互式触摸操作，旋转、缩放结构模型，观看工作原理及操作过程，学生可以随时随地完成学习内容，如图 8.33 所示。

图 8.33　学生通过 PC 端自主学习

学生根据课程任务或感兴趣的知识，通过教学云平台，进行交流研讨自主学习，通过思想碰撞，验证想法，克服传统教学资源中"看得见，说不清"的问题，如图 8.34 所示。

图 8.34　学生在交流研讨中进行自主学习

学生通过 3D 版教材，不限时间、不限地点地进行自主学习。通过手机扫描 3D 版教材/教学 PPT 上二维码进行知识点相关 VR 资源，进行触摸互动学习，如图 8.35 所示。

（2）在公共区域自主学习

学生通过放置于公共区域（如走廊、广场、大厅等）的 VR 学习走廊（自学空间），用

图 8.35　学生通过 3D 版教材进行自主学习

手机扫描知识点对应的二维码即可在手机上看到与实物模型相同的 3D＋互动的虚拟仿真模型，模型直观、形象、活泼、精准、仿佛触手可及，使学习者体验感增强、兴趣度提高，更好地支持学生个性化学习和多样化教学方式的开展，如图 8.36 所示。

图 8.36　学生通过 VR 学习走廊进行自主学习

（3）在操作实践中自主学习

借助虚拟仿真教学软件与实际设备的交替使用，缓解实训设备的不足，提高学生自主学习的能力。学生借助虚拟仿真教学软件进行实际操作前的练习，学生戴上 VR/MR 眼镜后，启动教学系统，会出现虚拟的三维空间，虚拟的设备即呈现在眼前。学生通过操控手柄或数字手套来控制虚拟设备的运行，并与设备进行信息交互，了解设备内部的各种结构设计、传动原理、加工工艺过程等。学生对设备和加工工艺过程熟练后，再到车间进行真实设备的操作，实现虚拟实训与实际生产无缝适应，如图 8.37 所示。

图 8.37　通过虚拟仿真系统及现场实训操作提升自主学习能力

　　学生通过操作缩小版实体设备和虚拟仿真资源一体化的实训设备，了解生产全流程。学生操作实体设备的时候，虚拟仿真资源中同步展示设备内部机构的工作过程、加工的过程。学生在这种"看得见、摸得着"的虚实一体化环境中操作，既提升了实践操作能力，又提升了自主学习能力，如图 8.38 所示。

图 8.38　通过虚实一体化设备操作提升能力

　　(4) 在探究发现中自主学习

　　学生在课下业余时间，通过 VR 相关设备，将知识和技能融入 VR 体验活动，寓教于乐，搭建 VR 学习、互动平台，进行"上天入地""异度空间"的 VR 体验（图 8.39）。会使学生对未来时代的发展趋势有一定的了解，更对新型的学习形式和自身技术发展有更清晰的规划和更深入的理解。

图 8.39　学生利用业余时间进行探究式自主学习

（5）在情景体验中自主学习

为了让学生在虚拟场景中的学习具备人物属性。在虚拟仿真场景中，设置人物角色。学生以生产中人物的身份，根据实际生产流程的各个环节的要求，按步骤对场景中的"数字双胞胎"设备进行模拟操作，过程围绕实际体验-观察与思考-抽象与归纳-创新实践等环节，使专业理论与实践教学完美结合，同时激发学生的学习兴趣，提升学生自主学习的能力，如图8.40、图8.41所示。

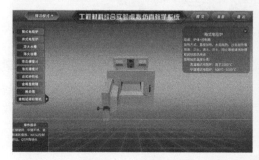

图 8.40　情景体验式工程材料综合实验

图 8.41　情景体验式钳工实训虚拟仿真实验

学生通过 VR 头盔、手柄进行 VR 操作练习，沉浸式进入虚拟仿真工作环境，增强了代入感。其间可以反复进行设备的安装、拆卸或维修等操作演练，如图8.42所示。这可以使学生轻松掌握生产工艺流程，增加情景体验，间接提高动手实践能力和自主学习能力。

图 8.42　学生通过 VR 交互设备进行情景体验式自主学习

学生通过 MR 头盔、手柄、数据手套等交互外设与虚拟环境进行协同操作，可以全方位地观察设备的形态结构特点和工作原理。通过手柄进行交互操作，开展协同操作训练，会有效地把理论知识与实践技能结合，让学习变得更有趣，培养学生自主探究能力，提高教学质量和效果，如图 8.43 所示。

图 8.43　学生通过 MR 交互设备进行协同操作情景体验式自主学习

　　VR＋自主学习不仅改变了教育教学的方式，而且增加了学习的趣味性，提升了学生的学习兴趣，很大程度上增加了学生的学习主动性。VR 技术把教学内容真实形象地展现给学生，给学生创建了一种"身临其境"的教学学习环境。学生通过各种 VR 教学资源，可以不限时间、不限空间、不限地点地进行自主探究学习，学习的主动性、投入的时间、学习的效率、知识的吸收率均得到大幅度提升。这种有趣和新奇的教学方式和科学技术的充分结合，让学生的学习兴趣逐渐呈现增长的趋势，不但使学生的学习方式更加多样化，而且拓展了学生的知识面，从深度和广度上扩展了学生的学习领域。

8.5　成果技术转化及应用

　　"VR＋教学"模式形成的成果通过技术转移，由山东省首家虚拟现实行业新三板上市企业——济南科明数码技术股份有限公司进行成果转化，形成了系列 VR 教学产品，助推了产业发展，为 VR 技术在教育教学中的普及应用作出了贡献，扩大了 VR 教学资源的受益面。

　　"VR＋教学"模式具有很强的示范推广价值。为了更好地将成果分享应用，采用校内应用—同行学校推广—社会推广辐射方式，通过理论培训、现场示范、技术服务等措施，将经验和成果进行推广应用。

　　（1）校内应用

　　"VR＋教学"模式已在山东建筑大学机电工程学院机械工程、机械电子工程、车辆工程、智能制造工程等专业和工程训练中心的金工实习课程中全面应用，并向材料类、土木类等 10 余个专业辐射推广，涉及机械制造技术基础、液压与气压传动技术、机械制图、数控加工技术、机械设计、机械原理、金工实习等 40 余门课程，每年受益学生约 110 个班、4200 人。其学习方式显著提升了学习吸收率，学生学习的主动性、投入的时间、课堂活跃度、独立思考能力和学情满意度显著提高。在新的教学理念和教学模式下，学生专业素养和创新实践能力得到全面提高。在校内的推广应用中，采取以下措施：

　　① 通过举行校内师资培训、同行听课等多种方式，让教师学习新的教学方法，认识到全时空 "VR＋教学" 模式的重要性，理解并掌握全时空 "VR＋教学" 模式的内涵。

　　② 组织校内其他专业教师对全时空 "VR＋教学" 模式进行学习与实践，进行其他专业 VR 教学资源建设及应用。

　　③ 基于校内推广应用情况，及时总结全时空 "VR＋教学" 模式的成功经验，打造具有 VR＋特色的教学模式特色品牌。

（2）同行学校推广

① 在校内推广应用基础上，通过公开示范课、同行交流、教学研讨、教学展览等多种方式，逐步扩大校外宣传、推广，提高同行学校对全时空"VR＋教学"模式的认识。

② 借助国家级虚拟仿真实验教学中心和教育部教育信息化教学应用实践共同体项目的影响力，带动其他学校相关专业教师使用 VR 教学资源和 3D 版教材，充分应用 VR 教学云平台实施全时空"VR＋教学"教学模式。

③ 以点带面，示范带动更多学校、更多专业的教师积极开展 VR 教学资源建设和 3D 版教材建设，辐射带动全时空"VR＋教学"模式在更多专业的探索实践。

（3）社会推广

① 推进基于 VR 教学云平台的全时空"VR＋教学"模式在机械行业的职业技能培训、员工培训、青少年科普活动中应用等，利用网络共享的方式形成惠及不同层次的人群，扩大优质教育资源的服务面，实现"时时可学、处处能学、人人皆学"的学习环境，为建设学习型社会做贡献。

② 通过产学研合作，加强校企共建共享、校校共建共享模式，联合更多的学校进行 VR 资源开发，将更多的 VR 教学资源部署到 VR 教学云平台上，面向全国共享使用。

③ 在面向社会的推广应用中还涉及特殊岗位与人群的特殊 VR 培训资源。

VR 技术已经进入企事业技能培训职工岗位，这种让人"身临其境"的 VR 不仅让学习过程生动有趣，还能够帮助人们在虚拟环境中完成复杂且耗费巨大的训练，避免高危险性工作环境引起的人身伤害。具体应用如下。

a. 应用到冶金生产、机械制造、建筑和机电等领域，为职工提供高逼真的生产虚拟场景、事故处理模拟、设备点检与维护等 VR 培训资源，员工可自主进行入职培训、安全培训、作业训练和技能提升，直至熟练掌握全流程作业规范，满足企业高标准化的技能人才需要，如图 8.44、图 8.45 所示。

图 8.44　学员 3D 仿真漫游体验

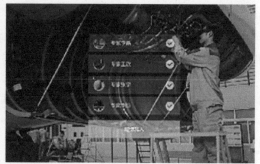

图 8.45　VR 机械设备点检故障点案例

b. 对冶金行业特种设备作业人员的作业安全进行规范培训。钢铁冶金生产具有作业温度高、工况复杂、危险系数高等特点，属于事故多发的高危行业。利用 VR 培训资源，配置企业真实生产安全事故 VR 虚拟仿真软件，在提升企业员工安全意识、危险源与隐患识别等方面具有重要意义。对企业员工进行 VR 安全作业培训，培养规范化的安全生产意识，可以预防和减少事故的发生，如图 8.46、图 8.47 所示。

图 8.46　安全生产须知培训视频和设备安全操作要求培训视频

图 8.47　煤气中毒事故多岗位协同应急演练和 VR 体验

c. 对企业员工进行职业技能等级证书培训。利用 VR 虚拟仿真实训资源，可以解决冶金等专业实习资源匮乏、真实操作成本高和风险大等问题，VR 可以提供一个安全高效无风险的虚拟实训环境，将信息化技术融入员工职业技能培训考核环节，提高技能和培训效率，强化企业员工职业素质和综合能力培养。

（4）社会效益

① 将大量 VR 教学资源放于云平台共享资源库中，通过资源共享，可有效解决各校（单位）对 VR 教学信息化项目的分散投入、重复建设、低效利用的现状，节约财政资金。

② 利用无编程 VR 教学资源快速开发平台开发 VR 教学资源，通过制定 VR 教学资源开发标准制作标准和规范，可有效缩短 VR 教学资源的设计开发周期，增加 VR 教学资源之间的兼容性，减少由于标准不一致带来的资源浪费，保证 VR 教学资源的质量，降低对 VR 教学资源开发人员的技术要求和 VR 教学资源的制作成本，可快速扩充 VR 教学资源的数量。

③ 教学云平台汇集的 VR 资源多，学习者可选择性强。VR 资源开发、上线速度快。VR 资源以 3D 可视化形式展示，使用效果好。教学云平台具有 VR 资源接入接口，可以节省大量的重复建设。学生可随时随地进行自主学习，可节省大量的教室、场地等资源，还可节省学习者的往返时间。

"VR+教学"模式是在探索中国教育现代化 2035 背景下进行的机械工程专业课程教学模式改革与实践，其本质是将"以学生为中心"的理念从传统式教学延伸至全时空，将 VR

技术、互联网技术与教育教学深度融合，将 VR 教学资源、3D 版教材、VR 教学云平台、VR 黑板、VR 智慧教室、VR/MR 眼镜等引入机械类课程教学中，包括理论课程、实验课程和实训课程，形成 VR＋课堂教学、VR＋实验教学、VR＋实训教学、VR＋自主学习，实现"老师易教、学生易学"的教学效果，有效推动机械工程专业教与学活动的创新性变革。"VR＋教学"模式增强了教师信息化教学能力，提升了教育实效，增强了师生良性互动，调动了学生学习的主动性，使学生获得了大量的学习机会以及具有更大流动性和灵活性的学习方式，学习者可以不必拘泥于特定的场所和固定的时间表，使想学习的时候进行学习、随时随地学习成为可能。

随着《中国教育现代化 2035》文件的发布和教育信息化建设的持续推进，VR 技术与教育教学的深度融合将是下一代教学改革的方向。该成果将对高校利用现代信息技术进行教学模式改革产生积极的示范作用。

附录
机械工程专业相关 VR 教学资源清单

附表 1　机械工程专业相关课程手机 VR 云资源清单

序号	资源名称
1	《液压与气压传动》手机 VR 云资源
2	《机械制造技术基础》手机 VR 云资源
3	《机械设计》手机 VR 云资源
4	《互换性与技术测量》手机 VR 云资源
5	《工程训练》手机 VR 云资源（扫码）
6	《画法几何与机械制图》手机 VR 云资源
7	《农业机械学》手机 VR 云资源
8	《冲压工艺与模具设计》手机 VR 云资源
9	《机械原理》手机 VR 云资源
10	《数控加工技术》手机 VR 云资源
11	《机械工程实践》手机 VR 云资源

附表 2　颗粒化 VR 教学资源包清单

序号	资源名称
1	机械设计（项目教学法）颗粒化 VR 教学资源包
2	机械设计颗粒化 VR 教学资源包（本科）
3	机械原理颗粒化 VR 教学资源包
4	机械制造技术基础颗粒化 VR 教学资源包
5	冲压模具颗粒化 VR 教学资源包
6	液压与气压传动颗粒化 VR 教学资源包
7	机械制图实例解析（项目教学法）颗粒化 VR 教学资源包
8	画法几何及机械制图颗粒化 VR 教学资源包
9	互换性与测量技术基础颗粒化 VR 教学资源包
10	工程训练颗粒化 VR 教学资源包

续表

序号	资源名称
11	数控加工技术颗粒化 VR 教学资源包
12	机械工程实践颗粒化 VR 教学资源包

附表 3　机械工程专业相关课程虚拟仿真和实验教学系统清单

序号	资源名称
1	机械原理虚拟仿真教学系统
2	机械设计虚拟仿真教学系统
3	机械设计课程设计虚拟仿真教学系统
4	画法几何与机械制图虚拟仿真教学系统
5	液压与气压传动虚拟仿真教学系统
6	机械制造装备及工艺学虚拟仿真教学系统
7	机械制造工程技术基础虚拟仿真教学系统
8	模具拆装及应用虚拟仿真实验教学系统
9	力学性能虚拟仿真实验教学系统
10	液压基本回路的拼装虚拟仿真实验教学系统
11	零件尺寸测量虚拟仿真实验教学系统
12	阶梯轴加工虚拟仿真实验教学系统
13	冲压工艺及模具设计虚拟仿真教学系统
14	材料成型设备虚拟仿真教学系统
15	机构运动简图的测绘与分析虚拟仿真实验教学系统
16	渐开线齿轮参数测定虚拟仿真实验教学系统
17	渐开线齿轮齿廓范成原理虚拟仿真实验教学系统
18	减速器结构及拆装虚拟仿真实验教学系统
19	切削力与切削温度测量虚拟仿真实验教学系统
20	超高速切削加工虚拟仿真实验教学系统
21	车床几何精度检验虚拟仿真实验教学系统
22	车床三箱拆装虚拟仿真实验教学系统
23	切削精度加工综合实验虚拟仿真实验教学系统
24	组合夹具虚拟仿真实验教学系统
25	齿轮泵装配体虚拟仿真实验教学系统
26	画法几何与机械制图虚拟仿真实验教学系统（点线面）
27	画法几何与机械制图虚拟仿真实验教学系统（换面法）
28	减速器底座加工工艺虚拟仿真实验教学系统
29	减速器装配体虚拟仿真实验教学系统
30	齿轮泵拆装虚拟仿真实验教学系统
31	双作用叶片泵拆装虚拟仿真实验教学系统
32	先导式溢流阀拆装虚拟仿真实验教学系统

序号	资源名称
33	机构结构认知与组成虚拟仿真实验教学系统
34	图解法设计凸轮机构虚拟仿真实验教学系统
35	机械传动方案虚拟仿真实验教学系统
36	减速器拆装及结构认知虚拟仿真实验教学系统
37	吸盘试验虚拟仿真实验教学系统
38	齿轮装置的润滑与密封设计虚拟仿真实验教学系统
39	工程制图典型案例虚拟仿真实验系统
40	偏心柱塞泵拆装及工程图绘制虚拟仿真实验
41	换热器拆装及图形生成虚拟仿真实验
42	工业机器人机械拆装虚拟仿真实验教学系统
43	汽车车身智能焊接生产线综合调试虚拟仿真实验
44	工程材料综合实验虚拟仿真实验教学系统
45	金属液的充型能力及流动性测定虚拟仿真实验教学系统
46	冲模拆装与结构分析虚拟仿真实验教学系统
47	智能制造生产线虚拟仿真实训系统

附表 4　机械工程专业相关工程训练类软件清单

序号	资源名称
1	钳工虚拟仿真实训教学系统
2	铸造虚拟仿真实训教学系统
3	手工电弧焊虚拟仿真实训教学系统
4	气焊虚拟仿真实训教学系统
5	热处理虚拟仿真实训教学系统
6	车削虚拟仿真实训教学系统
7	铣削虚拟仿真实训教学系统
8	磨削虚拟仿真实训教学系统
9	滚齿机虚拟仿真实训教学系统
10	数控车削虚拟仿真实训教学系统
11	电火花线切割虚拟仿真实训教学系统
12	塑料成型虚拟仿真实训教学系统
13	快速成型虚拟仿真实训教学系统
14	立式加工中心虚拟仿真实训教学系统
15	激光加工虚拟仿真实训教学系统
16	精密测量虚拟仿真实训教学系统
17	锻造虚拟仿真实训教学系统
18	典型工件加工虚拟仿真实训教学系统
19	典型零件机械综合加工虚拟仿真实训教学系统（轴类、套类、箱体类）
20	电梯技术虚拟仿真实训教学系统

参 考 文 献

[1] 汤朋，张晖.浅谈虚拟现实技术 [J].求知导刊，2019 (3)：19-20.

[2] 周忠，周颐，肖江剑.虚拟现实增强技术综述 [J].信息科学，2015，45 (02)：157-180.

[3] 黄奕宇.虚拟现实 (VR) 教育应用研究综述 [J].中国教育信息化，2018 (1)：11-16.

[4] 高峰.浅谈信息技术与教育信息化 [J].新课程 (教育学术)，2012 (2)：191-192.

[5] 黄鑫.基于 VR 技术的虚拟教学应用研究 [D].武汉：华中师范大学，2005：10-11.

[6] 赵润泽.虚拟现实沉浸式艺术交互形式研究 [D].西安：西北大学，2018：25-28.

[7] 王兆其，高文，陈益强，等.虚拟人行为交互方法研究 [J].系统仿真学报，2001 (S2)：591-594.

[8] 史寿乐.虚拟现实在教育中的应用 [J].教育现代化，2017 (32)：205-206，209.

[9] 荣梓任.虚拟现实技术在教育领域中的应用 [J]，企业技术开发，2015 (19)：58-59.

[10] 刘德建，刘晓琳，张琰，等.虚拟现实技术教育应用的潜力、进展与挑战 [J]，开放教育研究，2016，22 (04)：25-31.

[11] 丁楠，汪亚珉.虚拟现实在教育中的应用：优势与挑战 [J].现代教育技术，2017 (2)：19-25.

[12] 席二辉.虚拟现实技术在教育中的应用优势 [J].电子质量，2022 (6)：4-6.

[13] 郝秀刚，葛明贵.知识的分类与高校创新型人才培养 [J].襄樊职业技术学院学报，2007 (06)：37-39.

[14] 李兴洲，耿悦.从生存到可持续发展：终身学习理念嬗变研究——基于联合国教科文组织的报告 [J].清华大学教育研究，2017，38 (01)：94-100.

[15] 朗格朗.终身教育引论 [M].周南照，陈树清，译.北京：中国对外翻译出版社，1985：15-16.

[16] William H M. Lifelong Learning at Its Best [M]. San Francisco：Jossey Bass，2000：357.

[17] Commission of the European Communities. A Memorandum on Lifelong Learning [R]. Brussels：European Communities，2000.

[18] Commission of the European Communities (Directorate-General for Education and Culture & Directorate-General for Employment and Social Affairs). Making a European Area of Lifelong Learning a Reality [R]. Brussels：European Communities，2001.

[19] 马东明，郑勤华，陈丽.国际"终身学习素养"研究综述 [J].现代远距离教育，2012 (01)：3-11.

[20] 高志敏.关于终身教育、终身学习与学习化社会理念的思考 [J].教育研究，2003 (01)：84.

[21] 中国社会科学院语言研究所词典编辑室.现代汉语词典 [M].7 版.北京：商务印书馆，2019：452.

[22] 陶西平.现代化进程中中学校长的使命——第二届中国中学校长大会主题报告 [N].中国教育学刊，2007 (12)：6-9，44.

[23] 葛玉敏.从学习动机理论浅谈如何提高学生的学习动机 [J].科技信息，2011 (35)：386.

[24] 张红梅.对四种学习动机理论的评析 [J].科技信息 (科学教研)，2007 (11)：255，259.

[25] 张文.略论增强学习内驱力 [J].辽宁教育研究，2005 (12)：63.

[26] 刘启宪.利用兴趣的驱动作用调动学生学习的积极性 [J].生物学通报，1996 (01)：36.

[27] 姜艳玲，徐彤.学习成效金字塔理论在翻转课堂中的应用与实践 [J].中国电化教育，2014 (07)：133-138.

[28] 陶侃.沉浸理论视角下的虚拟交互与学习探究——兼论成人学习者"学习内存"的拓展 [J].中国远程教育，2009 (01)：20.

[29] 王毅敏.从建构主义学习理论看英语情境教学 [J].外语教学，2003 (02)：85.

[30] Barr R B，Tagg J. From Teaching to Learning—A New Paradigm for Under Graduated Education [J]. Change，1995，27 (6)：12-26.

[31] 张洁.机械类专业本科生自主性学习现状研究——以 H 大学为例 [D].武汉：华中科技大学，2014.

[32] 薛唠.疫情背景下大学生线上自主学习创新模式探索 [J].中国成人教育，2022 (07)：55-58.

[33] 王妮娜，董莹莹，杨琳琳，等.基于O2O的大学生社会实践管理模式探索 [J].现代经济信息，2015（22）：452.

[34] 徐富强，陈佩树，郝江锋，等.混合式教学模式下培养大学生自主学习能力的研究与实践 [J].绥化学院学报，2022，42（8）：119-122.

[35] 胡彦超.沉浸式机械工程实训车间教学系统的设计与开发 [D].济南：山东建筑大学，2021.

[36] 吴迪，高驰名，马建章.基于Solidworks和3Dmax的协同设计 [J].计算机与网络，2015，41（18）：54-56.

[37] DS SolidWorks 公司.SolidWorks 零件与装配体教程 [M].北京：机械工业出版社，2011.

[38] 徐翰.基于CGA参数化的三维校园建模方法研究与实现 [D].南昌：东华理工大学，2015.

[39] 李昊.汽车发动机AR检修系统开发与关键技术研究 [D].济南：山东建筑大学，2020.

[40] 宋平.虚拟现实场景中3D模型的构建与优化 [J].科技信息，2009（31）：946.

[41] 李洪营.基于VR的箱体零件虚拟加工教学系统开发 [D].济南：山东建筑大学，2018.

[42] 秦现磊.基于HTC＋VIVE车床CA6140虚拟教学系统的研发 [D].济南：山东建筑大学，2018.

[43] 赫聪，张勇.次时代游戏角色材质贴图在教学中的应用探讨 [J].产业与科技论坛，2018，17（21）：195-196.

[44] 刘光然.虚拟现实技术 [M].北京：清华大学出版社，2011：73-80.

[45] 中国百科大辞典编撰委员会.中国百科大辞典 [M].北京：中国大百科全书出版社，2004：265.

[46] 任友群，王旭卿.教育技术的后现代思考 [J].中国电化教育，2003（11）：9-13.

[47] Frydenberg J, Matkin G W. Open Textbooks：Why? What? How? When? [R].[S. L.] William and Flora Hewlett Foundation，2007：0－33.

[48] Åke G, Matilda W, Böö R. No Name，No Game：Challenges to Use of Collaborative Digital Textbooks [J]. Education and Information Technology，2018，23（3）：1359-1375.

[49] Pešut D. A Conceptual Model for E-Textbook Creation Based on Proposed Characteristics [J]. Information and Learning Science，2018，119（7/8）：432-443.

[50] 赵清梅."互联网＋"背景下职业教育教材新形态一体化建设 [J].中国职业技术教育，2018（20）：76-79.

[51] 孙继荣，屈静，许晓莉.全媒体数字教材的构建与设计探索 [J].广东开放大学学报，2019，28（04）：85-88.

[52] 中国互联网络信息中心.第45次中国互联网络发展状况统计报告 [EB/OL]. https://www.cnnic.cn/NMediaFile/old _ attach/P020210205505603631479.pdf.

[53] Hilton J. Open Educational Resources，Student Efficacy，and User Perceptions：A Synthesis of Research Published Between 2015 and 2018 [J]. Educational Technology Research and Development，2020，68：853-876.